App Inventor ②

互动编程

黄文恺　吴　羽　李建荣 / 编著

U0321301

SPM
南方出版传媒

全国优秀出版社
全国百佳图书出版单位　广东教育出版社

·广州·

图书在版编目（CIP）数据

App Inventor 2 互动编程 / 黄文恺，吴羽，李建荣编
著.—广州：广东教育出版社，2016.7
ISBN 978-7-5548-1099-6

Ⅰ.①A… Ⅱ.①黄… ②吴… ③李… Ⅲ.①移动
终端—应用程序—程序设计 Ⅳ.①TN929.53

中国版本图书馆CIP数据核字（2016）第087482号

责任编辑：陈定天　蚁思妍　田　晓　高　斯
责任技编：姚健燕
装帧设计：友间文化

App Inventor 2 互动编程
App Inventor 2 HUDONG BIANCHENG

广 东 教 育 出 版 社 出 版 发 行
（广州市环市东路472号12-15楼）
邮政编码：510075
网址：http://www.gjs.cn
广东新华发行集团股份有限公司经销
广东信源彩色印务有限公司印刷
（广州市番禺区南村镇南村村东兴工业园）
787毫米×1092毫米　16开本　16印张　245 000字
2016年7月第1版　2016年7月第1次印刷
ISBN 978-7-5548-1099-6
定价：63.80元
质量监督电话：020-87613102　邮箱：gis-quality@gdpg.com.cn
购书咨询电话：020-87615809

前　言

Preface

近年来，随着移动互联网技术的突飞猛进，"创客文化"蔚然成风。"创客"一词来源于英文单词"Maker"，"创"代表了创意、创新。"创客"是一群喜欢或者享受创新，追求自身创意实现的人。"创客"的兴趣主要集中在以工程化为导向的主题上，例如电子、机械、机器人、3D打印、软硬件结合的智能硬件等。他们善于挖掘新技术、鼓励创新与原型化，他们不单有想法，还有成型的作品，是"知行合一"的忠实实践者。他们注重在实践中学习新东西，并加以创造性地使用。

在美国，从政策到实践层面，"创客文化"已经在教育中占有重要的位置。而在我国，"创客教育"仍处于起步阶段。"创客教育"是对传统教育的一种挑战，"创客"强调的是创新和实践能力。我国正处在社会发展的转型期，中小学生创新、实践能力的发展是需要全社会关注的问题。2001年颁布的《基础教育课程改革纲要（试行）》中明确提出要全面推行素质教育；2010年发布的《国家中长期教育改革和发展规划纲要（2010—2020年）》中强调，提高学生勇于探索的创新精神和善于解决问题的实践能力。随着社会经济的发展，从国家政策到普通民众，对创新能力和实践能力的教育也越来越重视。李克强总理在考察深圳柴火创客空间时指出："创客充分展示了大众创业、万众创新的活力。这种活力和创造，将会成为中国经济未来增长的不熄引擎。"

教育工作者意识到对学生的培养应从应试能力向立足于学生全面发展的综合素质培养转变，"创客教育"也逐渐融入基础教育中。App Inventor、

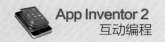
Scratch、机器人、3D 打印等技术已逐步引入到中小学的课堂，越来越多的中小学生通过老师的引导和启发，发挥动手、动脑能力，创造出有创意的作品。

尽管"创客教育"已经得到了教育界的重视，但是"创客教育"方面的教材还比较匮乏，特别是针对青少年的"创客教育"教材。为了更好地给青少年普及"创客教育"，笔者组织了相关专业人员共同撰写了"创客教育"系列教材，由浅入深，从中小学到大学的延伸，读者可以通过系统的学习，掌握"工程"的思想和模式，通过基于问题或项目的学习，掌握快速原型开发的方法，为成为未来的创新人才打下坚实的基础。

本书是手机安卓软件开发的入门书籍。前三章是基础篇，分别是App Inventor 2的简介、开发环境和安装应用、语言基础及基本组件。通过阅读基础篇，可以让读者先掌握App Inventor 2的基础知识。第5章到第10章是控件篇，用实例向读者展示了如何使用控件快速地开发简单实用的手机小软件。第11章到15章是游戏开发篇，本书提供了五个小游戏实例供读者学习，读者可以快速学会手机游戏的开发方法。第16章到第19章是App Inventor 2与Arduino互动篇。通过App Inventor 2与Arduino的互动编程，可以方便地使用手机控制小车、机器人等。

本书趣味性较强，融合了游戏开发和机器人互动编程，适合无计算机专业基础的读者阅读，适合青少年科技教师指导中小学生开展创客教学活动，也适合非计算机专业的大学生快速设计制作自己的手机软件。

在本书的编写过程中，首先要感谢我的学生刘嘉杰、陈苑冰、陈于枫、陆延杰和何耀辉，他们参与了本书资料的整理、实验验证及排版工作，感谢他们牺牲了节假日用心地整理书稿；其次要感谢广州市教育局将本书作为广州市中小学"创客"教师基于物联网、APP的培训指定用书。

由于笔者水平有限，时间仓促，书中难免存在缺点和错误，恳请专家和广大读者不吝赐教，批评指正！

黄文恺

2016年4月

目 录

Contents

1

第一篇

基础篇

在正式开始学习App Inventor 前，初学者有必要掌握相关知识。本篇为App Inventor学习者提供必要的基础知识，为后续深入学习打下坚实的基础。

本篇从App Inventor的诞生、发展历程切入，介绍其意义、功能和应用，进而介绍其开发环境的配置方法。同时，本篇也介绍了App Inventor所需的语言基础和基本组件，给出了学习资源的获取方式。

第1章
App Inventor 2简介

App Inventor 是一款创新的、用于开发手机应用软件（App）的工具，因其图形化操作性强、拓展性好、后期维护简便而深受广大开发者的喜爱。它将传统的、晦涩难懂的编程语言转换为可视的、积木式的堆叠开发方式，具有简单的人机界面，即使是一个没有任何编程经验的初学者也能在短时间内开发出一个简洁、功能齐全的手机应用，特别适合作为学习开发手机应用的入门软件。

截至2015年，在App Inventor开发者社区，活跃着来自195个国家的超过300万的开发人员，而这一个数字在不断地增加。每一周都会有超过10万名开发者发布700多万种安卓应用！

图1-1　App Inventor 标志

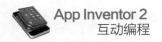

1.1　App Inventor的诞生及发展

2009年，美国麻省理工学院（以下简称MIT）教授Hal Abelson与Google公司的Mark Friedman共同主导了App Inventor的发展。在它早期发展阶段，研发团队成员还包括Google的几位主要工程师Sharon Perl、Liz Looney和Ellen Spertus。

2012年1月1日，App Inventor移交给MIT的行动学习中心（Center for Mobile Learning）代为管理；同年3月4日，它作为一个Web服务端开发平台供广大开发者使用。

2015年10月，MIT发布App Inventor 2（以下简称AI2），相较于前期版本，AI2省略了需要使用Java才能开启的Blocks Editor，将其整合在网页中即可使用；同时在操作上大幅简化了各指令模块中的下拉选项，使得广大开发者能更快找到所需的指令。本书均以AI2版本进行介绍。

1.1.1　Android与App Inventor

Android一词的本义指机器人，是Google于2007年11月5日发布的基于Linux平台的开源手机操作系统，广泛应用在智能手机、平板电脑、电视盒子等移动设备。Android最大的优点是开源，它允许第三方修改，使得开发者能够不受限制地开发应用。这在很大程度大促进了Android平台的创新发展。

Android相对于其他移动操作系统的优势十分明显。得益于Android的开源性质，根据市场调研机构Gartner公布的数据显示，截至2015年第三季度，应用Android操作系统的智能终端市场份额达到了84.7%。终端越多，市场潜力就越大，因此吸引了大量的开发者来为Android开发应用。

图1.1.1-1　安卓与AI2图标

传统的Android开发工具是Eclipse或者Android Studio。它们提供一个用Java编程语言开发App的环境，要求开发者掌握一定的编程技巧。因此，门槛相对来说比较高。对于普通开发者，尤其是毫无编程基础的人来说，运用Android工具开发App似乎就是异想天开。

所幸的是，Google看到了这个不利的局面，为了使更多的人参与到开发App的活动中，满足更多用户的需求，让不同行业不同领域的人都可以制作满足自身需求的App，App Inventor应运而生。App Inventor的出现，极大地降低了手机应用开发的门槛，开发App不再是程序员的专利，普通人通过简单的学习也能轻易地制作出属于自己的App。

1.1.2 App Inventor的应用

在国外，App Inventor诞生之日起，各行各业的开发人员就用它来开发Android App。大量正式或非正式的教育机构面向计算机学科的学生、科学俱乐部成员、课外活动的参加者或夏令营的成员，教授App Inventor编程知识。同时，很多教育者也使用App Inventor来开发与教学任务相关的App，使课堂变得更加生动。政府雇员和社区志愿者，利用App Inventor开发定制的App以应对自然灾害和服务社区。

以前，设计师和产品经理想要实现一个功能，往往要与程序员进行大量的沟通。在开发过程中，由于设计师和程序员的思维差异往往会造成产品并不是设计师所期待的，这就耗费大量的时间用来不断调试，并作出调整。而现在，设计师看到了App Inventor的潜力，通过自身就能够快速地将他们的想法转化为产品原型。

在医疗、社会等领域，研究人员通过App Inventor开发定制的App，可以有效地帮助他们收集并处理数据，极大地提高工作效率。

业余爱好者想要实现他们的创意的时候，App Inventor是一个非常好的工具。过去，很多业余爱好者有很多创意但苦于不会编程而放弃。如今，App Inventor能够帮助他们迅速地将脑中的创意实现而不是停留在概念阶段。

目前，随着"创客教育"的兴起并走进中小学课堂，很多青少年在科技教师的带领下开发自己的手机应用软件，而App Inventor便于使用和开发的特点，特别适合青少年开发自己专属App；借助App Inventor能轻松跨越技术门槛，尽情展示自己的创意。

1.2 App Inventor 2的开发意义

1.2.1 App Inventor 2的优势

AI2 上手快，使用简单，学习内容相对少，做出成品速度快，具有以下几大优势。

1. 易操作

AI2只需要用鼠标拖动不同的组件和它们内部的代码块，再将它们组合在一起；组合完成后将App打包生成安装文件（apk），简单几步就完成了一个App的开发。与传统的开发相比，AI2没有冗长的代码，极大地提高了开发的效率。

图1.2.1-1　用户编辑界面

2. 易理解

在AI2中，界面开发和逻辑开发的组件都是一个个可视化、模块化的组件，开发者在使用时能够直观看出每一个模块的作用。

如图1.2.1-2 所示，在逻辑开发模块中，不同的类别用不同的颜色标记，执行的动作也是不同的。在这一事件中，当"开灯"按钮被点击时，蓝牙客户端1会发送数值1出去，此时"开灯"这一按钮会消失，并且在同一位置上出现"关灯"按钮。在开发过程中，模块的功能预先设置好了，只需要拖拽和拼接，整个过程十分清晰，易于理解。

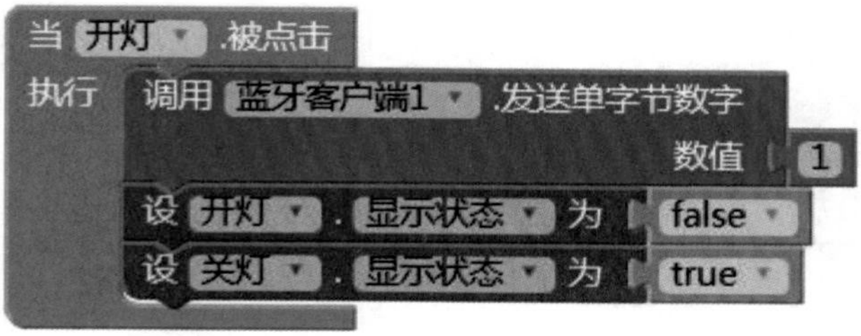

图1.2.1-2 逻辑开发

3. 易成功

在逻辑开发中，所有的模块功能都是打包好的，不需要用户再从头开始编辑，即拉即用，出错的可能性很低。在逻辑上不能拼接的地方或者编辑中有错误的地方，AI2的逻辑编辑界面会即时提示错误信息或发出警告。如图1.2.1-3所示，在出现问题的模块的左边会有相应的符号。同时，其调试容易，且模块之间匹配是限定的，出现语法错误的可能性也大大降低。

图1.2.1-3 提示警告信息

1.2.2 App Inventor 2的学习资源

在使用本书有什么疑问或者需要相关的学习资料，为节省大家时间，特别列出下列网址供大家学习参考。

（1）http://Appinventor.mit.edu/explore/，由MIT为App Inventor爱好者学习App Inventor而开设的网站，可以根据指引开发出属于自己的App。如图1.2.2-1所示，提供了丰富的学习视频，同时可知世界各地的人们都在使用这一软件。按下Get Started便可以在线做出App，非常方便。

（2）App inventor：http://www.Appinventor.cn，国内知名的App Inventor中文社区。

（3）编程实例及指南：http://www.17coding.net，旧金山大学的David Wolber教授、App Inventor发明人、MIT的Hal Abelson教授、谷歌工程师Ellen

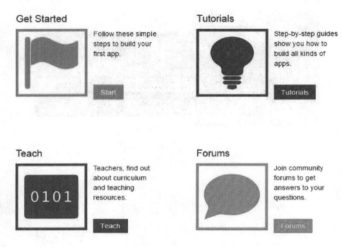

图1.2.2-1　MIT App Inventor网站

图1.2.2-2　MIT App Inventor网站

Spertus以及Liz Looney编著的*App Inventor—Create Your Own Android Apps*的英文电子书。

（4）Google中国教育合作项目：http://www.google.cn/intl/zh-CN/university/curriculum/index.html，由Google创建的，致力于整合技术与资源优

势，积极与大学开展合作，共同建设新技术课程的开发和应用，并实现课件资源全球共享。

（5）Pure Vida Apps：http://puravidaApps.com，国外英文网站，提供Appinventor源代码、操作指引和扩展的功能。

（6）MIT App inventor Sources：http://Appinventor.mit.edu/App Inventor-sources/，MIT提供App Inventor下载的英文网站。

（7）Imagnity TutorAIl Index：http://www.Appinventorblocks.com App Inventor 2，国外英文网站，提供App Inventor的学习、制作素材。

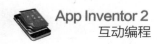

第2章
App Inventor 2的开发
环境和安装使用

从本章开始读者将进入AI2的开发学习，从开发环境配置到制作第一个
App，真切感受AI2带给我们的方便快捷。同时，带领读者正确理解各项控件的
基础应用，从而为后续章节的学习打下坚实的基础。

2.1　开发环境

AI2的开发环境如下：

1.　对计算机的要求：

Windows系统：Windows XP或更新版本

MAC系统：　Mac OS X 10.5 或更新版本

GNU/Linux系统：Ubuntu 8或更新版本，Debian 5或更新版本

2.　对浏览器的要求：

火狐浏览器Mozilla Firefox：3.6或更新版本

Apple Safari：5.0或更新版本

Google Chrome：4.0或更新版本

Microsoft Internet Explorer：暂不支持

特别注意：基于IE内核的浏览器均不支持

3.　对手机的要求：

Android Operating System：2.3或更新版本

或者使用PC端上的仿真器

AI2的设计流程图如图2.1-1所示。

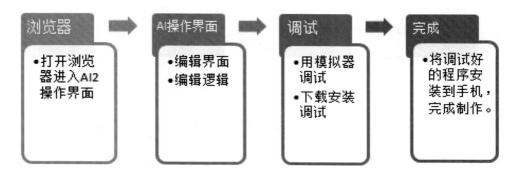

图 2.1-1　设计流程图

2.2　软件的下载与安装

2.2.1　软件的下载及安装

要进行AI2的开发，必须下载一系列的软件作为平台，所需的软件分别是AI2的离线开发包和最新版本的火狐浏览器。

软件包可以在以下网址下载：

Windows操作系统：http://AppInventor.mit.edu/explore/ai2/windows.html

Mac OS X操作系统：http://AppInventor.mit.edu/explore/ai2/mac.html

1.　离线版

把下载的"AI2CN.ZIP"解压到任一硬盘分区的根目录。请注意，一定要在根目录，否则将会无法生产apk安装包。

接着安装火狐浏览器，此处不再详述。

安装完成后，打开刚刚解压的AI2离线开发包，打开"AI2CN.exe"文件，点击"一键启动"，如图2.2.1-2。

接下来打开火狐浏览器，在地址栏输入"localhost:8888"。请注意，冒号是英文字符格式的。输入后按下回车键，点击"log in"登陆。登录界面如图2.2.1-3：

AI2CN	2014/12/31 12:33	文件夹	
AI2U	2014/12/31 12:33	文件夹	
data	2016/1/12 16:20	文件夹	
images	2014/12/31 12:29	文件夹	
AI2CN.exe	2008/11/14 20:52	应用程序	328 KB
AI2CN.ini	2014/12/31 12:37	配置设置	2 KB
autorun.inf	2014/12/31 11:11	安装信息	1 KB
MIT AI2 Companion.apk	2014/12/31 11:10	APK 文件	2,514 KB

图 2.2.1-1   打开AI2CN.exe文件

图 2.2.1-2   AI2离线版

图 2.2.1-3   登录界面

这时进入AI2的开发界面，表明您已经顺利进入AI2的离线开发环境，可以正式进行App的开发了。

MIT App Inventor 2
localhost:8888/#4512395720392704
最常访问 火狐官方站点 新手上路 常用网址 爱淘宝（原淘宝特卖）
MIT App Inventor 2
Beta
Projects
Connect
Build
Help
Admin
Start new project
Delete Project
My Projects
Name
Date Created
test
Dec 4, 2015 1:32:51 PM

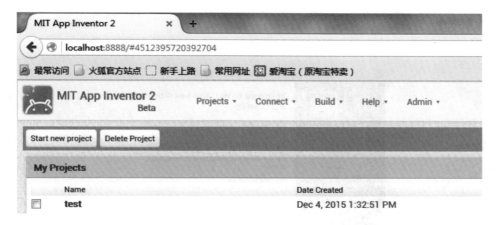

图 2.2.1–4 登录界面

下面以Windows下载软件包为例，详细介绍安装步骤。

（1）输入网址，进入下载界面，如图2.2.1–5，点击“Download the installer”，可以直接下载AI2的软件包。

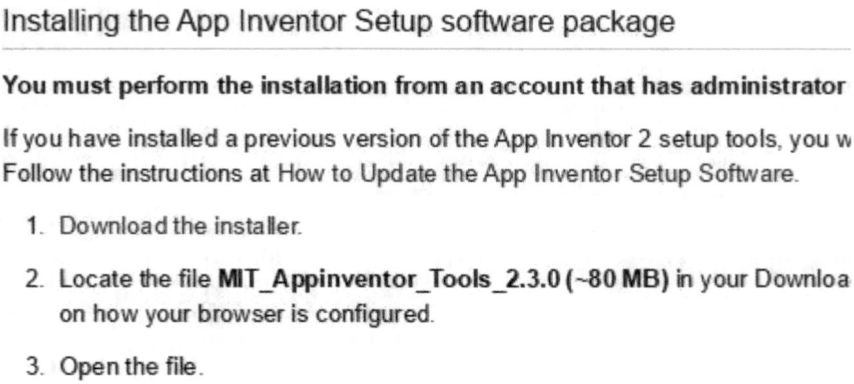

Installing the App Inventor Setup software package
You must perform the installation from an account that has administrator
If you have installed a previous version of the App Inventor 2 setup tools, you w
Follow the instructions at How to Update the App Inventor Setup Software.
1. Download the installer.
2. Locate the file MIT_Appinventor_Tools_2.3.0 (~80 MB) in your Downloa
on how your browser is configured.
3. Open the file.

图2.2.1–5 下载界面

下载的文件名如图2.2.1–6所示：

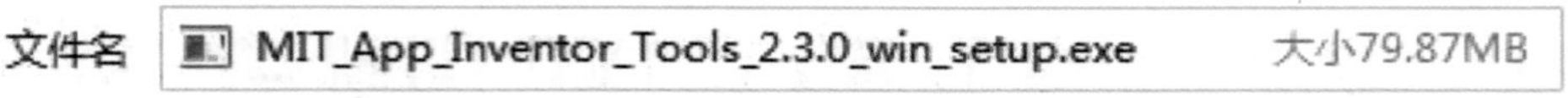

文件名
MIT_App_Inventor_Tools_2.3.0_win_setup.exe
大小79.87MB

图2.2.1–6 下载界面

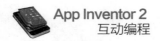
App Inventor 2
互动编程

（2）双击下载好的安装包，进入安装界面。如图2.2.1-7，进入后点击
"Next"进入安装协议，如图2.2.1-8所示，进行浏览后，点击"I Agree"。

图2.2.1-7　安装协议

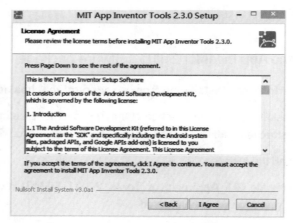

图2.2.1-8　安装开始界面

　　用户根据需求，点击相应的安装选项。如果没有特殊的要求，可按
"Next"进入安装界面，确定使用权限（如图2.2.1-9所示）和安装内容（如图
2.2.1-10所示）。软件可以默认目录下直接安装（如图2.2.1-11所示），名称不
必更改（如图2.2.1-12所示），按下"Install"开始安装（图2.2.1-13所示），耐
心等待安装，直至安装成功（如图2.2.1-14所示）。

图2.2.1-9　确定使用权限　　　　　　　　图2.2.1-10　确定安装内容

图2.2.1-11　确定安装界面　　　　　　　　图2.2.1-12　确定安装名称

图2.2.1-13　开始安装　　　　　　　　　　图2.2.1-14　安装完成

App Inventor 2
互动编程

（3）安装完成后，点击桌面快捷方式aiStarter，如果没有自动生成快捷方式，可在菜单栏中找到程序，点击运行。aiStarter的作用强大，它实现了浏览器与模拟器、浏览器与手机之间的数据通信，用户在进行调试前，要将其运行，启动之后将会出现如图2.2.1-15所示的界面，表示使用的是Windows系统，且提示用户按Ctrl+C即可退出运行。

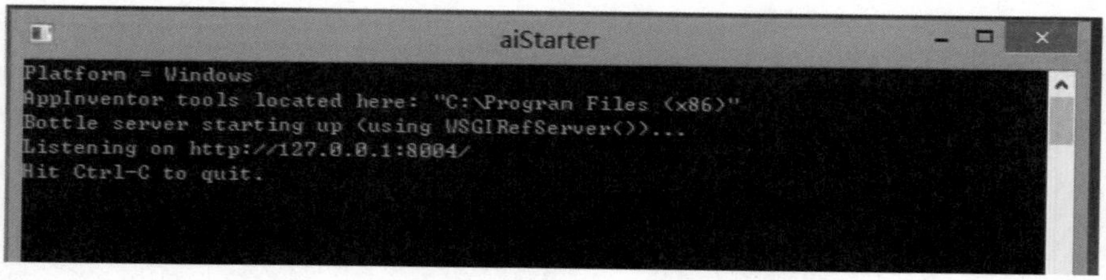

```
Platform = Windows
AppInventor tools located here: "C:\Program Files (x86)"
Bottle server starting up (using WSGIRefServer())...
Listening on http://127.0.0.1:8004/
Hit Ctrl-C to quit.
```

图2.2.1-15　aiStarter运行界面

以上为离线版，如果读者认为其下载与安装步骤太过于烦琐，可用在线版进行编辑。以下为在线版的注册与使用介绍。

2. 在线版

要使用在线版AI2，需注册一个Google账户，可以是个人账户，也可以是公司或学校等其他组织账户。打开AI2官方网站http://ai2.AppInventor.mit.edu/，在登录界面填上自己的Google账户及密码，没有Google账户的读者可以点击"创建账号"来创建账号。

图2.2.1-16　登录Google账户

登录后就能看到项目的管理界面，每一个项目（Project）代表着一个App。上面显示了每个项目的创建时间和更新时间。如图2.2.1-17所示，点击"Start new project"新建一个项目，创建新项目后就能看到开发环境了。

图2.2.1-17　项目管理界面

如图2.2.1-18所示，开发界面里可以看到中间区域，这就是所开发的App的界面。

图2.2.1-18　两界面转换

2.2.2　软件的界面

1．编辑界面

界面是呈现在使用者面前的画面，编辑界面是非常重要的一个步骤，也是整个App制作的第一步，它由五个部分组成，从左到右依次为组件面板、工作面板、组件列表、素材和组件属性。从组件面板中选取组件拖入工作面板，为操作方便点击组件列表修改该组件属性，当中需要运用的素材可在线上传并使用。

图 2.2.2-1　组件设计界面

17

2. 逻辑编辑

逻辑是隐藏于界面背后，使程序活起来的重要灵魂，每一个组件的作用都是在这里编辑确认。逻辑编辑界面主要由模块部分和工作面板组成，从模块部分里选取模块拖入工作面板进行拼接，即可完成逻辑编辑。

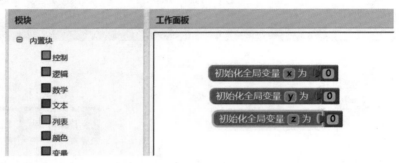

图 2.2.2-2　逻辑界面设计

2.3　软件的使用

2.3.1　界面设计

组件设计界面左边一栏是组件面板，组件分两类：一类是直接能看得到的，例如按钮、文本等；另一类是看不到的，也称为非可视的，例如加速度传感器、计时器等。界面的中间是一个模拟App的运行界面，称为工作面板，把组件直接拖放到上面就能显示出各个组件。右边是一个组件列表，上面显示了App里用到的组件及它们的相对关系。最右边就是组件的属性，通过修改组件的属性可以让组件实现不同的功能。

图2.3.1-1　组件设计界面

在AI2中，各组件都在组件设计界面左边的组件面板里。组件面板里有很多组件，主要有以下几大类：

用户界面：就是常说的UI。用户通过UI跟App进行交互。

界面布局：布局工具决定了UI的摆放位置。

多媒体：可以让开发者播放音乐、影片等。

绘图动画：与游戏相关的工具。

传感器：包括加速度传感器、距离传感器等。

社交应用：可以调用手机的拨号功能、分享功能等。

数据存储：里面包含一个小型的数据库。

通信连接：蓝牙、网络连接。

2.3.2　逻辑设计界面

图2.3.2-1　逻辑设计界面

App只是有表面上的UI显然是不够的，还需要控制它们。这时候就需要用到逻辑设计界面里的内容。不同的是，逻辑设计里的内容在App上面都不能直观地看到，逻辑设计界面中包含了很多代码块，通过将不同的代码块组合拼装起来就能实现想要的功能。

2.3.3　调试并运行

网页上开发App的时候不能实时地调试，幸运的是，AI2通过链接使得调试非常简单。App提供两种与移动设备的链接方法（如图2.3.3-1所示）。读者可以根据自身条件来选择。

图2.3.3-1　链接调试

1. USB连接

将移动设备通过USB数据线连接到电脑里就能使用，电脑端需要安装aiStart软件。

2. AI Companion

AI Companion是一个辅助测试用的手机端App，AI Companion可以在Google play里免费下载安装。它通过无线网络与电脑连接，要求移动设备与电脑处于同一网络中。点击Connect-AI Companion后会显示二维码（scan QR code）和识别码（Connect with code），在移动端打开AI Companion后输改扫描二维码或者识别码就能实现让移动设备与AI2连接（如图2.3.3-2所示）。

图2.3.3-2　移动设备与AI2通过AI Companion连接

移动设备与AI2连接后，在网页端做出修改，移动端都会实时更新。

3. 模拟器

AI2还为没有移动设备的开发者提供了另一种调试方法——android模拟器（Emulator）。当身边没有手机时，不便于进行直观的调试，这时可采用软件内附有的模拟器。它可替代手机进行一部分的调试，但是类似于传感器等则无法进行。此外模拟器的启动需要1~2分钟，读者需耐心地等待。读者开启模拟器［如图2.3.3-3（a）所示］，等待片刻模拟器基本启动完毕［如图2.3.3-3（b）］，直至进入刚才读者编辑的软件［如图2.3.3-3（c）］，此时已经完全启动完毕，可以进行调试。

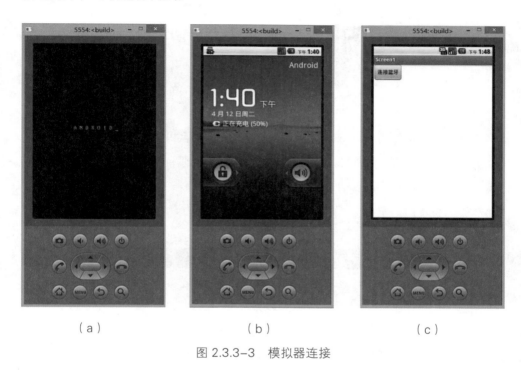

（a）　　　　　　　　　　　（b）　　　　　　　　　　　（c）

图 2.3.3-3　模拟器连接

以上的各种调试方法在调试的时候都不能拿移动设备单独调试。要想独立于AI2运行软件就需要手动生成安装文件。如图2.3.3-4所示，点击打包apk，会显示两种生成apk安装文件的方法，一种是在线生成然后手机通过扫二维码获取下载链接，另一种是将生成后的apk安装文件保存到电脑上面。两者获得的安装文件是相同的，读者可根据自身需要来选择。

图2.3.3-4　打包apk

第3章

App Inventor 2语言基础

本章是为没有学过计算机编程、第一次接触计算机语言的读者进行语言基础的介绍，从最简单的变量到复杂的函数，每一项都有解释说明。本章也可作为本书资料查阅的重点部分，在编程过程中，有不懂的地方，可以在本章找到相应的解释助于理解。

3.1 变量

变量是指其数值在程序运行中可以发生变化的量，在编译时不确定的值，可以用常数或者其他常量来初始化，也可以是由常数和其他常量进行运算得到的结果来初始化。在AI2中定义时也需要被初始化，详细说明如图3.1-1所示。

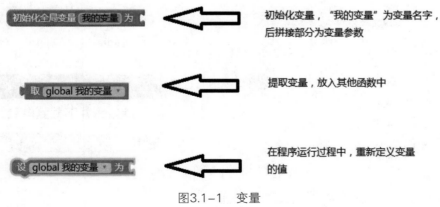

图3.1-1　变量

3.2 常用内置块的解释说明

1. 控制模块

控制模块是应用程序逻辑编辑中不可缺少的模块，它控制着整个程序的主要逻辑和运行方式，其部分内容与C语言相似。

表3.2-1　控制模块

模块图示	模块解释
 如果 则	如果前语句模块的值为真，则执行相关的语句块，与C语言中判断语句If…then…相似。
 循环取 数字 范围从 1 到 5 间隔为 1 执行	从一定范围内选取数字，确定间隔，执行相关语句，与C语言中循环语句While相似。
 循环取 列表项 列表为 执行	对列表项内所有选项都执行相关的语句。
 当 满足条件 执行	满足条件的语句块为真时执行相关的语句。
 如果 则 否则	如果前语句模块的值为真，则执行相关的语句块；如果前语句模块的值为假，则取"否则"相关的语句块，与C语言中判断语句If…else…相似。
 执行模块 返回结果	执行模块后将其结果返回。
 求值但忽视结果	执行模块后不将其结果返回。
 打开屏幕 屏幕名称	打开一个新的屏幕。

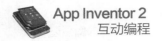

续上表

模块图示	模块解释
打开屏幕并传值 屏幕名称 初始值	打开一个新的屏幕，并赋予初始值。
获取初始值	获取开启屏幕时的初始值。
关闭屏幕	关闭当前的屏幕。
关闭屏幕并返回值 返回值	关闭当前的屏幕并获取其值。
退出程序	退出当前的程序。
获取初始文本值	获取开启屏幕时的初始值中的文本值。
关闭屏幕并返回文本 文本值	关闭当前的屏幕并返回其值得文本值。

2. 逻辑模块

逻辑模块是指在程序运行中真值与假值之间的关系，并根据其返回值进行下一语句的运行。

表3.2-2　逻辑模块

模块图示	模块解释
true	返回真值。
false	返回假值。
否定	如果返回为真值则输出假值，如果返回为假值则输出真值，取反的运算。
等于	判断两者是否相等，相等为真，不相等为假。
并且	两者为真则为真，其中有一者为假即为假。
或者	两者为假则为假，其中有一者为真即为真。

3. 数学模块

数学模块是一系列关于数学运算的模块，凡是与数学有关的运算都需要从中选取。

表3.2-3　数学模块

模块图示	模块解释
 0	定义一个数值。
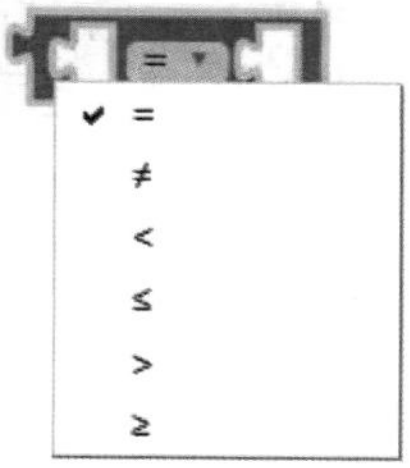 =	根据判断的结果返回真值或假值，判断内容有等于、不等于、小于、小于等于、大于、大于等于。与C语言中的关系运算符相似。
 +	对两个值进行加法运算，并返回相应的结果。
 −	对两个值进行减法运算，并返回相应的结果。
 ×	对两个值进行乘法运算，并返回相应的结果。
 /	对两个值进行除法运算，并返回相应的结果。
 ^	返回第一个值的次方，假设第一个值为3，第二个值为2，则返回3的二次方。
 随机整数从 1 到 100	返回一个在特定范围内的随机整数。
 随机小数	返回一个在0到1之间的随机小数。
 随机数种子设定 为	设定一个随机数种子。
 最小值	返回最小值。

25

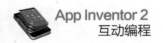

续上表

模块图示	模块解释
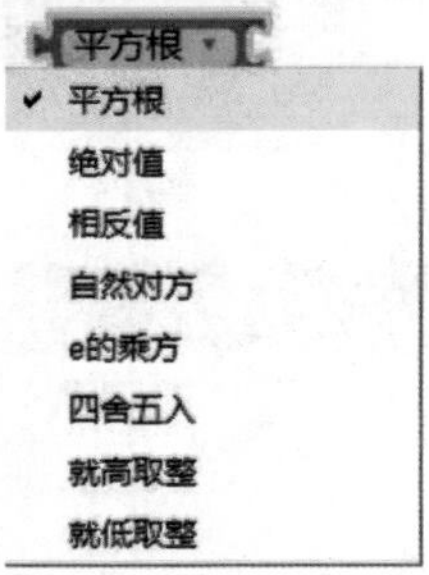 平方根 ✓ 平方根 绝对值 相反值 自然对方 e的乘方 四舍五入 就高取整 就低取整	进行数学运算，分别有平方根、绝对值、相反值、自然对方、e的乘方、四舍五入、就高取整、就低取整。
 模数 除以	进行除法取得余数。
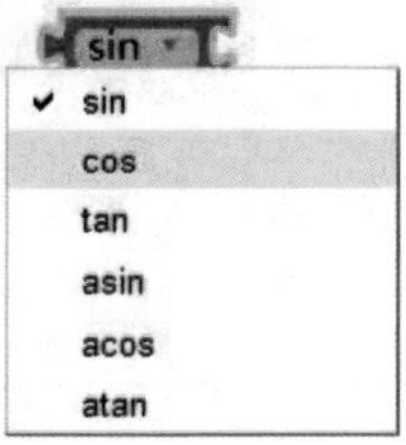 sin ✓ sin cos tan asin acos atan	进行三角函数运算，分别有正弦函数、余弦函数、正切函数、反正弦函数、反余弦函数、反正切函数。
 atan2 y坐标 x坐标	计算y/x得到反正切值。
 角度变换 弧度转角度 ✓ 弧度转角度 角度转弧度	进行弧度和角度之间的转换。
 将数字 设为小数形式 位置	将数字变为有特定的小数位的值，不齐的地方用0补齐。
 是否为数字?	判断其值是否为数字。

4．文本模块

文本模块是一系列关于文本的模块，文本的编辑、合并、长度、删除、转换都在这模块中选取。

表3.2-4　文本模块

模块图示	模块解释
 " ▢ "	定义字符串。
 合并文本	将文本内容进行合并。
 求长度	返回字符串的长度。
 是否为空	判断字符串是否为空。
 比较文本 〈	比较两个文本的字符串长度。
 删除空格	删除字符串的首位空格。
 大写	进行大小写转换。
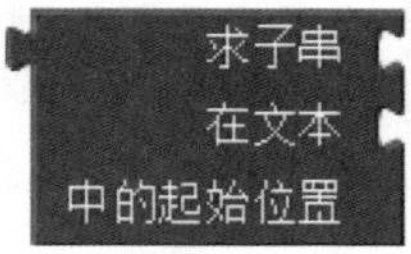 求子串 在文本 中的起始位置	求子串在整个文本中出现的位置。
 检查文本 中是否包含子串	检查文本中是否含有该子串。
 分解 文本 分隔符	将字符串根据分隔符进行拆分。
 用空格分解	将字符串用空格进行拆分。
 从文本 第 位置提取长度为 的子串	从文本的特定位置中选取特定长度的字符串。
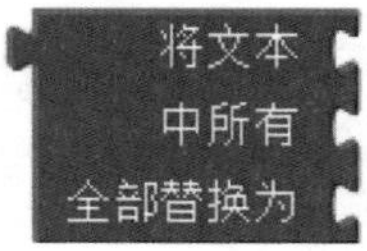 将文本 中所有 全部替换为	将特定文本中所有特定的字符串全部替换为新的字符串。

5. 列表模块

列表模块是一系列关于列表的模块，从创建到修改、删除、查找、求其长度都在这模块中选取。

表3.2-5　列表模块

模块图示	模块解释
 创建空列表	创建一个新的空列表。
 创建列表	创建多个新的列表。
 添加列表项 列表 item	在列表的最后添加新的列表。
 检查列表 中是否含列表项	判断列表中是否还有相关的列表项。
 求列表长度 列表	返回相关列表的长度。
 列表是否为空? 列表	判断列表是否为空。
 随机选取列表项 列表	从列表中随机选取列表项。
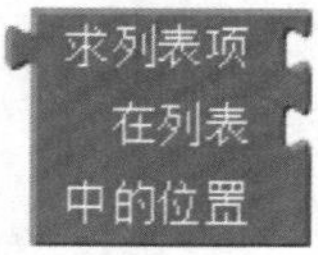 求列表项 在列表 中的位置	返回该列表项在列表中的位置。
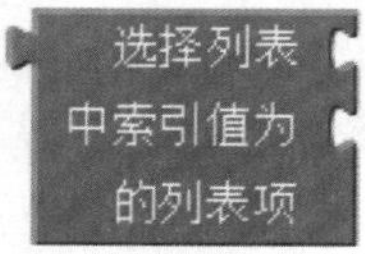 选择列表 中索引值为 的列表项	返回列表中索引位置的列表项。
 在列表 的第 项处插入列表项	在列表的特定位置处插入列表项。

续上表

模块图示	模块解释
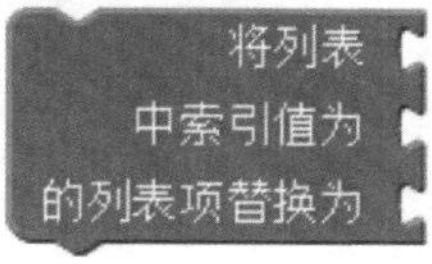 将列表 中索引值为 的列表项替换为	将列表中特定位置的列表项替换成新的列表项。
 删除列表 中第 项	删除列表中特定位置中的列表项。
 将列表 中所有项追加到列表 中	将列表中所有项目追加到新的列表当中。
 复制列表　列表	复制列表。
 是否为列表?　对象	判断是否为列表。
 列表转CSV行　列表	使列表装换为CSV表格文件中的一行。其中，CSV是以纯文本文件储存表格数据。
 列表转CSV　列表	使列表转换成CSV表格文件，每一行的元素用逗号隔开，换行用"\r\n"隔开。
 CSV行转列表　CSV字符串	将CSV表格文件的一行转换为一项列表项。
 CSV转列表　CSV字符串	将CSV表格文转换为列表。

6. 颜色模块

颜色模块可为应用程序增添色彩，增强可观性，使其多姿多彩。

表3.2-6　颜色模块

模块图示	模块解释
	颜色模块，在AI2中，定义了13种颜色。

29

续上表

模块图示	模块解释
 合成颜色 创建列表 255 0 0	自定义颜色,将RGB的三原色设定好,如果有第四个数字则为透明度。
 分解色值	将颜色转换成RGB的三原色数据返回。

7. 变量模块

变量模块是基础模块,定义好变量并使其在程序中进行相关的变换。

表3.2–7 变量模块

模块图示	模块解释
 初始化全局变量 我的变量 为	初始化变量,"我的变量"为变量名称,后拼接部分为变量参数。
 取 global 我的变量	提取变量,放入其他函数中。
 设 global 我的变量 为	在程序运行过程中,重新定义变量的值。
 初始化局部变量 我的变量 为 作用范围	定义局部变量,"我的变量"为变量名称,并确定作用范围。
 初始化局部变量 我的变量 为 作用范围	定义局部变量,"我的变量"为变量名称,并确定作用范围。

8. 过程模块

过程模块是创建函数的模块,是组合程序的模块。

表3.2-8　过程模块

模块图示	模块解释
 ⊙ 定义过程 我的过程 执行语句	创建没有返回值的函数。
 ⊙ 定义过程 我的过程2 返回	创建有返回值的函数。

第4章
App Inventor 2基本组件

在AI2中，各组件都在组件设计界面左边的组件面板里。组件面板里有很多组件，本章重点介绍常用的用户界面和界面布局组件。

4.1 用户界面

用户界面	
🖼 按钮	⑦
🔲 文本输入框	⑦
☰ 列表显示框	⑦
🗓 日期选择框	⑦
🕐 时间选择框	⑦
✅ 复选框	⑦
🅰 标签	⑦
▤ 列表选择框	⑦
🎚 滑动条	⑦
•• 密码输入框	⑦
⚠ 对话框	⑦
🖼 图像	⑦
🌐 Web浏览框	⑦
🗔 下拉框	⑦

图4.1-1 用户界面

如图4.1－1所示，用户界面里面包含了很多常用的组件。点击组件的图标右边的问号就会显示它的介绍文字，遇到不熟悉的组件，还可以通过点击"更多信息"获取更多的信息。用户界面的组件有很多共同属性，使用方式大同小异。通过修改组件的属性就能改变组件的大小、颜色等。

表4.1－1　组件属性

属性	作用
背景颜色	设置组件的背景颜色
启用	组件是否可用
文本	组件上面显示的字体
粗体	设置显示的文本字体是否加粗
斜体	设置显示的文本字体是否倾斜
字号	设置显示的文本字体的大小
字体	设置显示的文本的字体类型
文本对齐	设置显示文本的字体的对齐方式
文本颜色	设置显示文本的字体颜色
高度	设置组件的高度
宽度	设置组件的宽度
图像	设置组件的布景图片
显示交互效果	设置组件是否可见

1. 按钮

按钮在App里是一个非常常见的组件，几乎所有的App都会用到按钮。通过按钮可以方便地实现用户与App的交互。按钮可以检测出自己是否被点击。它有默认的形状颜色等属性，如果想要对它的属性进行修改可以在组件设计右边的组件属性或者在逻辑设计里面修改，两种方法的不同在于组件属性里只能修改它的初始属性，但是修改过程非常方便；而在逻辑设计里，就能实现在App运行的任何时刻里修改它的属性，例如上面显示的字体、文本颜色等。

◆ 按钮应用实例

设计一个圆角矩形按钮，颜色是灰色，当点击的时候它的颜色会变为黄色，长按的时候变回灰色。

如图4.1-2所示，从左边的用户界面中找到按钮控件并拖到工作面板中。然后在组件列表中点击"按钮1"，这是它的默认名字，也可以通过下方的重命名来重新命名，良好的命名习惯可以极大地提高开发效率。点击"按钮1"，在组件属性中就能看到它的属性，将形状属性改为圆角，代表的是按钮的形状为圆角矩形。然后在Text里把默认的文字改为"按钮"。这时候，基本的按钮属性就定义好了，但是它还没有点击事件，点击它的时候是没有任何效果的。转到逻辑设计界面，在左边的逻辑设计中的Sceen1找到"按钮1"，点击它就会出现很多代码块。找到"当按钮1.被点击"和"当按钮1.被慢点击"代码块，如字面意思，它们代表的分别是当按钮被点击和当按钮被长按时的时间。

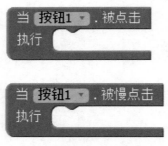

图4.1-2　按钮点击事件

如图4.1-3所示，找到"设按钮1.背景颜色为"代码块，拖出两个分别连接到"当按钮1.被点击"和"当按钮1.被慢点击"上。

图4.1-3　按钮背景颜色

如图4.1-4所示，在逻辑设计里面的内置块里的颜色，里面有各种颜色块，找到需要的代码块连接到原有的代码块上。

至此，代码块就完成了，把App传送到手机上就能运行。当点击"按钮1"的时候，它的颜色就会变为黄色，当再长按它的时候它就会变为灰色。

图4.1-4　设置按钮点击事件

2. 文本输入框

文本输入框可以让用户输入一段文字。与标签不同的是，标签显示的文字是开发者要让用户看到的文字，而文本输入框上让用户输入文字，是App获取信息的来源。

◆ 文本输入框应用实例

设计一个界面，上面有一个文本输入框、一个标签、一个按钮。当在文本输入框上输入内容后，按一下按钮，标签就会显示文本输入框输入的内容。

首先，将需要的组件添加到开发中，包括一个文本输入框、一个标签和一个按钮，如图4.1-5所示。

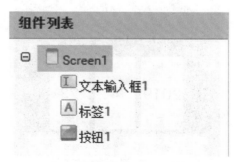

图4.1-5　组件列表

然后，从逻辑设计里找到文本输入框1组件，在点开的代码块里找到"文本输入框1.文本"，如图4.1-6所示。

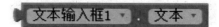

图4.1-6　文本框文本

如图4.1-7所示，设置按钮点击事件。这个代码块能够获取文本输入框里输入的内容，之后将它与剩下的代码块组合起来就完成了。

图4.1-7　设置按钮点击事件

3. 列表显示框

这个控件可以让一个文本列表显示在屏幕上，该控件不能在可以滚动的屏幕上使用。

4. 日期选择框

这个控件用于显示一个按钮，当用户按下后会弹出一个窗口，让用户选择日期。

图4.1-8　日期选择框

5. 时间选择框

这个控件用于显示一个按钮，当用户按下后会弹出一个窗口，用户可以选择时间。

图4.1-9　时间选择框

6. 复选框

本质上来说，复选框可以当作是特殊的按钮，它可以检测出用户是否选了它，它包含一个值来表示当前是否被选中的状态，就像是一个开关一样。复选框有很多用途，例如将多个复选框组合起来，做成一个待办事务的清单。

◆ 复选框应用实例

做一个购物清单，把已购买的物品打勾。

首先，把一个标签放到工作面板中，把它重命名为Shopping List同时将它上面的文字也改为"Shopping List"，表明这是一个购物清单。在组件面板中找到复选框，拖动5个复选框到工作面板中。然后把五个复选框重命名为五样物品（Apple、Meat、Milk、Drink、Pen）。相应地，也把它们上面显示的文字改为对应的复选框名字。组件列表如图4.1-10所示。

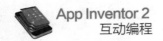

图4.1-10　组件列表

如图4.1-11所示，把App上传到手机中，就能实现勾选已购买物品的功能。

图4.1-11　运行界面

7. 标签

标签可以显示一段文字，常用于提示性的语言。它的属性可以在组件设计或者逻辑设计里修改。

8. 列表选择框

这个控件用于显示一个按钮，当用户按下后会弹出一个文本列表让用户选择。

9. 滑动条

用于进度条的拖动。当用户按住滑块的时候，可以向左滑动或者向右滑动。

10. 密码输入框

用户在密码输入框输入密码，密码输入框会隐藏用户输入的密码，用星号来代替显示。密码输入框跟普通的文本输入框是一样的，不同在于它不显示用户输入的信息。密码文本框还能显示提示性文字，可以让忘记密码的用户回想起密码。

11. 图像

让App显示图片的控件，可以修改图片的长和宽。

12. Web浏览框

该控件可以让用户在不打开第三方浏览器的情况下浏览网页。首页的URL可以在组件设计或者逻辑设计中设定。需要注意的是，这个控件并不是一个完整的浏览器，它只提供了基本的浏览网页功能。

图4.1-12　web浏览框

13. 下拉框

这个控件会显示一个按钮，当用户点击后会显示一个包含有多个元素的清单让用户选择。

◆ 下拉框应用实例

做一个下拉列表，里面显示多种水果。点击其中之一后，主界面会显示你选择的水果。

首先，从用户界面里选择下拉框和标签，把它们都拖到屏幕上面。从组件里选择下拉框1，在属性元素字串里填上"Apple，Orange，Grape，Banana"。元素字串里的内容就是下拉列表要显示的内容，每个元素之间用逗号分隔开。之后在Prompt填上"Fruit"，提示里的文字将会作为下拉列表的标题。完成了下拉框1的属性初始化再点击标签1，在文本里填上"The fruit you select is "。

至此，完成界面编程，转到逻辑设计。如图4.1-13所示，点击"下拉框1"，将"当下拉框1.选择完成"代码块拖出来。这个代码块的意思是当下拉框1选择后将会执行do里面的内容。

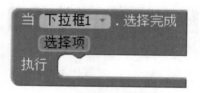

图4.1-13　下拉框选择完成事件

如图4.1-14所示，再将"标签1.文本"设为代码块连接到上面的代码块的do里面。

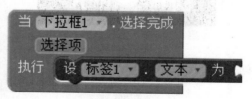

图4.1-14　设置下拉框选择完成事件

要让标签1显示的内容为"The fruit you select is"＋"水果名"，可以把这一句话分为两部分，"The fruit you select is"和"水果名"，前者是一个常量字符串，它不会因为选择的内容不同而改变，后者是一个变量，它会根据选择的内容不同而不同。要让一个标签显示两个内容，可以把一个标签拆分成两个标签，但显然这不是一个好方法。

　　逻辑设计里内置块里面有很多功能丰富的代码块，其中就有将两个字符串组合一起的代码块。在文本里找到合并文本。默认的代码块是将两个字符串合并到一个字符串。有时候会想多个字符串合并到一起，点击左上角的齿轮图标，就会发现此代码块的一些拓展功能，把左边的字符串拖到合并文本里，就能实现多个字符串合并到一个字符串的功能。文本合并的设计如图4.1-15所示。

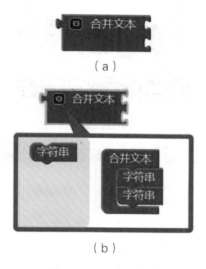

图4.1-15　合并文本

　　如图4.1-16所示，设置下拉框选择完成事件，完成关联互动开发。

图4.1-16　设置下拉框选择完成事件

　　至此，完成功能的开发。运行界面如图4.1-17所示。

图4.1-17　运行界面

4.2 界面布局

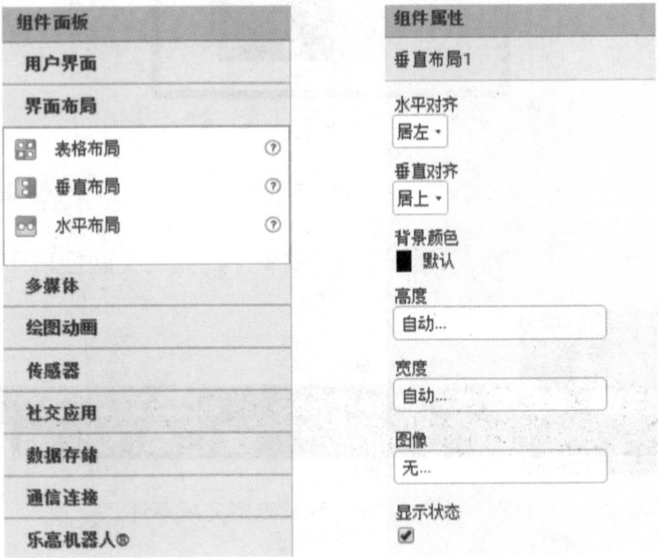

图4.2-1　界面布局

要让App看起来美观，里面的控件的布局就显得尤为重要。布局的属性同样可以在组件设计或者逻辑设计中修改。界面布局如图4.2-1所示。

表4.2-1 界面布局属性

水平对齐	布局里面的控件水平对齐方式
垂直对齐	布局里面的控件垂直对齐方式
背景颜色	背景颜色，默认为灰色
高度	默认为自动，根据布局里面的控件动态调整
宽度	默认为自动，根据布局里面的控件动态调整
图像	背景图片
显示状态	布局是否可见

AI2提供了水平、垂直和表格三种布局方式。

1. 水平布局

控件在这个区域里将会以水平的方式摆放，如图4.2-2、4.2-3所示。

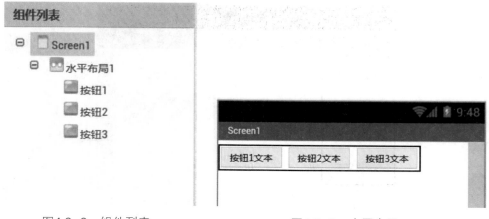

图4.2-2 组件列表   图4.2-3 水平布局

2. 垂直布局

控件在这个区域里将会以垂直的方式摆放，如图4.2-4、4.2-5所示。

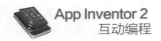

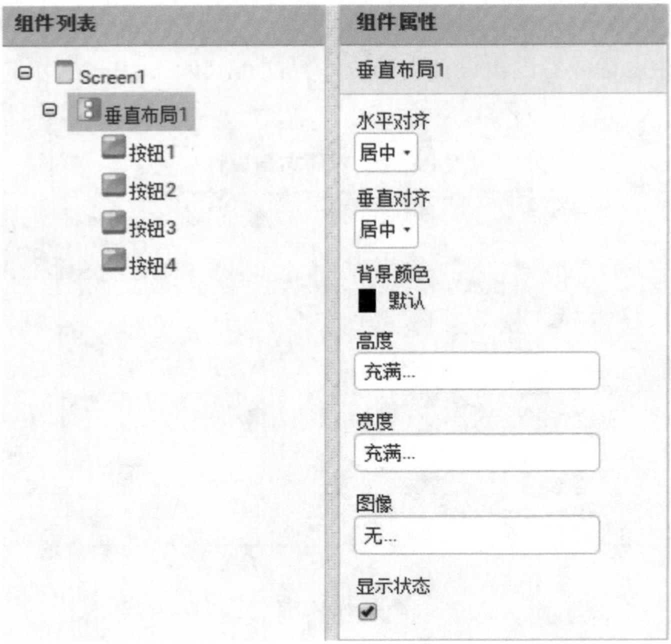

App Inventor 2
互动编程

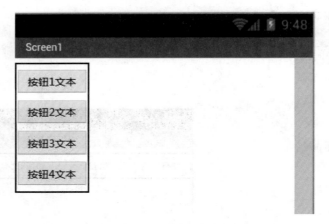

图4.2-4 组件列表

图4.2-5 垂直布局

3. 表格布局

可以自定义表格的行和列，控件在里面呈表格方式摆放，如图4.2-6、4.2-7所示。

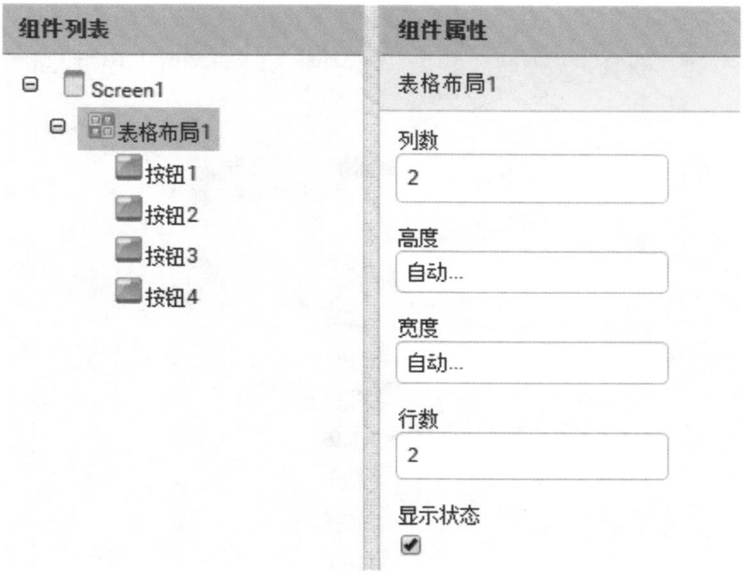

组件列表

- Screen1
  - 表格布局1
    - 按钮1
    - 按钮2
    - 按钮3
    - 按钮4

组件属性

表格布局1

列数

2

高度

自动...

宽度

自动...

行数

2

显示状态
☑

图4.2-6　组件列表

图4.2-7　表格布局

App Inventor 2
互动编程

每种布局可以嵌套使用，水平布局可以嵌套垂直布局，表格布局也可以嵌套在水平布局，嵌套布局如图4.2-8、4.2-9所示。读者可以根据App的内容灵活运用。

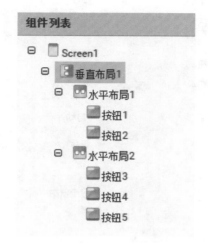

图4.2-8　组件列表

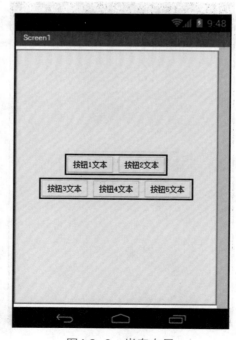

图4.2-9　嵌套布局

第二篇

控件应用篇

完成基础知识学习之后，相信读者对AI2有了大体的认识。接下来的章节中，将进入AI2控件的学习。控件是对数据和方法的封装，AI2提供了近10种控件，通过这些控件的应用，使得开发出来的应用具备音视频、人机感知互动、即时信息交互等功能。

本篇将在巩固前期知识的基础上，介绍AI2中多媒体、绘图动画、传感器、社交、数据存储和通信等控件，引入日常生活中经常接触到的应用案例的设计开发，采取理论知识讲解与实例实践相结合的方式，寓教于乐，以期达到熟练运用AI2控件的目的。

第5章
多媒体控件

本章重点介绍多媒体控件，包括摄像机控件、视频播放器控件、照相机控件等，灵活使用控件制作相应的应用。同时运用不同的控件组合在一起，做出意想不到的效果，将手机应用内容多元化。

5.1　摄像机控件和视频播放器控件

5.1.1　控件介绍

1. 摄像机控件

摄像机控件调用手机的自带摄像机完成影片录制，摄像机控件如图5.1.1-1所示，其包含的模块有录制完成模块（如图5.1.1-2所示）与启动录制模块（如图5.1.1-3所示）

图5.1.1-1　摄像机控件

图5.1.1-2　摄像机录制完成模块

图5.1.1-3 摄像机启动录制模块

2. 视频播放器控件

视频播放器控件（如图5.1.1-4所示）能够播放手机里面的视频，它支持 m4a、mp4、wmv、rmvb、flv等格式的视频，其包含的模块有视频播放完成模块（如图5.1.1-5所示）、视频播放器开始播放模块（如图5.1.1-6所示）以及视频播放器源文件设置模块（如图5.1.1-7所示）。

图5.1.1-4 视频播放器控件 　　　　　　图5.1.1-5 视频播放器播放完成模块

图5.1.1-6 视频播放器开始播放

图5.1.1-7 视频播放器源文件设置模块

5.1.2 实例——摄像实时播放器

摄像实时播放器用于录制和播放视频，是多媒体最为广泛的应用之一，是手机的基础功能。摄像实时播放器应用实例的开发包括界面设计和逻辑模块设计两大部分。界面设计应用水平布局，放入录制和播放按钮，添加摄像机和视频播放器等相关的控件。逻辑模块设计则是配置录制和播放按钮的参数，以便于录制和播放功能的实现。

1. 界面设计

如图5.1.2-1所示，该应用共包含五个控件、两个按钮、一个摄像机、一个视屏播放器和一个对话框。"开始录制"按钮用于启动摄像机的录制功能；

"播放"按钮用于播放用户录制或存储的视频；"对话框"控件用于弹出相应的提示信息。

图5.1.2-1　界面设计

表5.1.2-1　控件属性设置

组件	命名	作用	UI属性
Screen	Screen1		默认
水平布局	水平布局1	摆放按键	默认
按钮	按钮1	录制按键	文本：开始录制
按钮	按钮2	播放按键	文本：播放
对话框	对话框1	弹出提示信息	
视频播放器	视频播放器1	播放视频窗口	宽度：250 高度：300
摄像机	摄像机1	调用手机摄像头	

2. 逻辑模块设计

如图5.1.2-2所示，设置开始录制按钮的点击事件。当点击"开始录制"按钮后，摄像机1开始录制视频，并弹出对话框提示视频正在录制。

图5.1.2-2　开始录制按钮点击事件

如图5.1.2-3所示，设置播放按钮的点击事件。当"播放"按钮被点击后，视频播放器就会播放用户所录制的视频。

图5.1.2-3　播放按钮点击事件

如图5.1.2-4所示，设置摄像机录制完成事件。当摄像机完成录制以后，视频播放器的视频文件将会设置为刚才录制的视频文件的路径，然后对话框弹出提示信息提示视频录制结束。

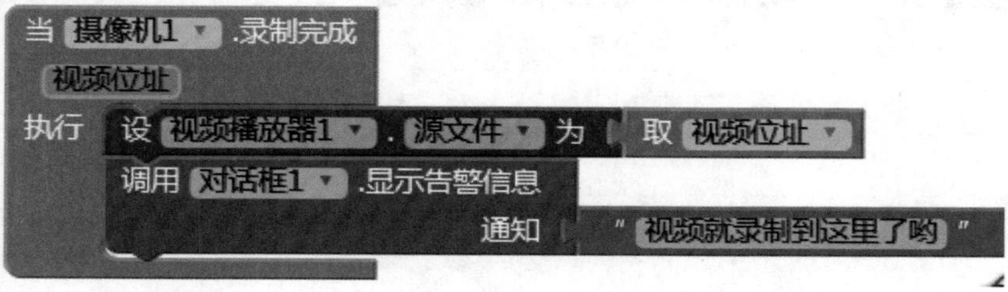

图5.1.2-4　摄像机录制完成事件

如图5.1.2-5所示，设置视频播放器播放完成事件。当视频播放器完成播放时，对话框提示视频录制完成。

图5.1.2-5　视频播放器播放完成事件

5.2　照相机控件和图像选择框控件

5.2.1　控件介绍

1.　照相机控件

照相机控件（如图5.2.1-1所示）用于调用手机的照相机功能，拍摄静态图片或视频短片，它是一个非可视的控件。相机功能作为手机的基础功能，随着摄像头像素的提高，其拍摄效果也越来越接近传统卡片相机甚至低端单反相机。

图5.2.1-1　照相机控件

2.　图像选择框控件

调用照相机控件拍摄后生成的图片可以进行进一步的查看与修改，在此之前则需要对图片进行相应的选择。在AI2中，所使用的控件则是图像选择框控件（如图5.2.1-2所示），其可打开手机里面的"图库"。

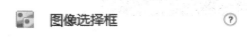

图5.2.1-2　图像选择框控件

5.2.2　实例——相机图库界面

相机图库界面用于相片的拍摄和读取，即调用摄像头拍摄相片、选择手机图库文件显示图片，是手机中必备的功能，也是各大手机厂商宣传的焦点。相机图库应用实例的开发包括界面设计和逻辑模块设计两大部分。界面设计主要是在图像生成区域设置拍照和打开图库两个按钮。逻辑模块设计则是根

据功能需要对拍照和打开图库两个按钮进行参数配置，实现拍照和相片读取的功能。

1. 界面设计

该应用包含拍照和图像选定/显示两个核心功能。用户点击"拍照"按钮，完成相片的拍摄。当用户点击"图像选择框"时，进入手机图库，选定相应图片，完成图像的显示。

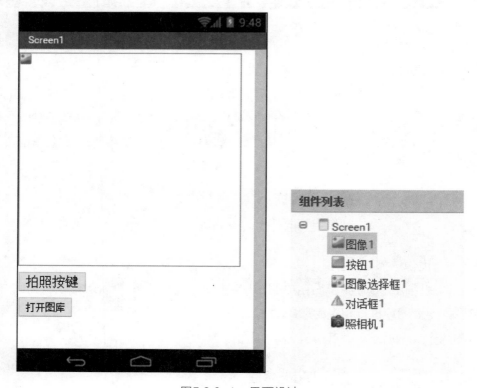

图5.2.2-1　界面设计

如图5.2.2-1所示，本应用包含一个按钮、一个图像、一个图像选择框、一个对话框和一个照相机。图像控件用于显示用户在图库所选的文件；按钮用于使用手机的拍照功能；图像选择框用于启动手机图库，让用户选择要显示的图片；对话框用于弹出相应的提示信息。

表5.2.2-1 控件属性设置

组件	命名	作用	UI属性
Screen	Screen1		默认
图像	图像1	显示图片	宽度：300像素 高度：300像素
按钮	按钮1	拍照按键	文本：拍照
图像选择框	图像选择框1	打开图库	文本：打开图库
对话框	对话框1	弹出提示信息	
照相机	照相机1	调用手机里的照相机	

2. 逻辑模块设计

如图5.2.2-2所示，设置拍照按钮的点击事件。当"拍照"按钮被点击后，开启手机拍照的功能。

图5.2.2-2 拍照按钮点击事件

如图5.2.2-3所示，设置照相机拍摄完成事件。当相机完成拍摄后，将图像控件里的图片设置为刚刚用户所拍的照片。

图5.2.2-3 照相机拍摄完成事件

如图5.2.2-4所示，设置图像选择框完成选择事件。当用户在图库选择了要显示的照片后，图像控件的图片将会设为用户在图库中所选的图片文件，然后图像控件就会显示该图片。

图5.2.2-4　图像选择框完成选择事件

5.3　音频播放器控件

5.3.1　控件介绍

音频播放器控件用于播放手机中的音频文件，支持mp3音频格式。

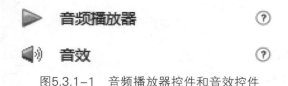

图5.3.1-1　音频播放器控件和音效控件

5.3.2　实例——音频播放器

音频播放器，顾名思义，即是用于音频播放的应用。音频播放器应用类似于小型的mp3，可以进行音频的播放和设置。音频播放器应用实例的开发包括界面设计和逻辑模块设计两大部分。界面设计是放入控制音量大小的滑条，设置"停止""播放""暂停""上一曲""下一曲""发声"等按钮，进行音频的相应控制。逻辑模块设计则是配置相关按钮的参数，实现音频的播放、暂停、停止等功能。

1．界面设计

如图5.3.2-1所示，本应用包含五个按钮、一个标签、一个滑动条、一个音效和一个音频播放器。滑动条用于设置播放音频的音量大小；"发声"按钮点击后将会发出相应的音效；"停止""播放""暂停""上一曲""下一曲"用于操作当前系统所播放的音乐文件。

图5.3.2-1　界面设计

表5.3.1-1　控件属性设置

组件	命名	作用	UI属性
Screen	Screen1		默认
水平布局	水平布局1	摆放控件	默认
标签	标签1		文本：音量大小
滑动条	滑动条1	调整音量大小	最大值：100 最小值：0 滑块位置：30.0
水平布局	水平布局2	摆放控件	默认
按钮	按钮1	停止	文本：停止
按钮	按钮2	播放	文本：播放
按钮	按钮3	暂停	文本：暂停
按钮	按钮4	上一曲	文本：上一曲
按钮	按钮5	下一曲	文本：下一曲

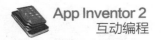
续上表

组件	命名	作用	UI属性
按钮	按钮6	发声	文本：发声
音效	音效1	播放音效	最小间隔：500 源文件：laser.mp3
音频播放器	音频播放器1	播放音频文件	音量50 源文件：music.m4a

2. 逻辑模块设计

如图5.3.2-2所示，设置初始化全局变量。这里所设置的变量是表示音频文件名称的序号后缀。

图5.3.2-2　设置初始化全局变量

如图5.3.2-3所示，设置屏幕初始化变量。当进入函数程序后，音频播放器的文件将会设置为"music1.m4a"。当不同的按钮被点击后，执行相应的动作。

当 Screen1 . 初始化
执行　设 音频播放器1 . 源文件 为 " music1.m4a "

图5.3.2-3　设置屏幕初始化

如图5.3.2-4所示，设置滑动条和暂停按钮事件。当用户操作滑动条后，音乐的音量大小会做出相应的改变。

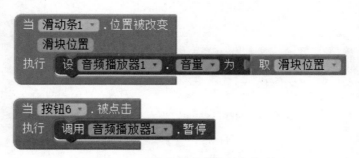

图5.3.2-4　滑动条和暂停按钮事件

如图5.3.2-5所示,设置下一曲按钮事件。当"下一曲"按钮(在界面设计中呈现为"下一曲"的按钮,在逻辑设计中为"按钮3")被点击后,音频播放器将会转到下一个音频文件。

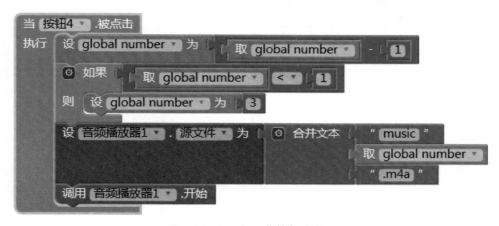

图5.3.2-5　下一曲按钮事件

如图5.3.2-6所示,设置上一曲按钮事件。同理,当"上一曲"按钮(在界面设计中呈现为"上一曲"的按钮,在逻辑设计中为"按钮4")被点击后,音频播放器将会转到上一个音频文件。

图5.3.2-6　上一曲按钮事件

App Inventor 2
互动编程

5.4 录音机控件

5.4.1 控件介绍

录音机控件

如图5.4.1-1所示，录音机控件用于启动手机中的录音功能。在AI2中，录音机控件的录音质量和生成的文件大小都不能调节。

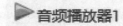

图5.4.1-1 录音机和音频播放器控件

5.4.2 实例——录音机

录音机用于声音的录制和播放。录音机广泛应用于各种场合，能够清晰、完整地还原所听到的内容。录音机应用实例的开发包括界面设计和逻辑模块设计两大部分。界面设计的设置是"开始录音""停止录音""播放录音"按钮，并增加一个滑动条进行音量的控制。逻辑模块设计则是配置相关按钮的参数，实现声音录制和播放的功能。

1. 界面设计

如图5.4.2-1所示，本应用包含七个控件、三个按钮、一个滑动条和一个录音机。

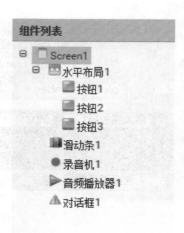

图5.4.2-1 界面设计

表5.4.2-1　控件属性设置

组件	命名	作用	UI属性
Screen	Screen1		默认
水平布局	水平布局1	摆放控件	默认
按钮	按钮1	开始录音	文本：开始录音
按钮	按钮2	停止录音	文本：停止录音
按钮	按钮3	播放录音	文本：播放录音
滑动条	滑动条1	调整音量大小	最大值：200 最小值：0 滑块位置：50
录音机	录音机1	调用手机的录音功能	默认
音频播放器	音频播放器1	播放音频文件	音量：50
对话框	对话框1	弹出提示信息	默认

2. 逻辑模块设计

如图5.4.2-2所示，设置开始录音按钮事件。当用户点击"开始录音"时，系统将开始录音，对话框弹出提示信息"开始录音"。

图5.4.2-2　开始录音按钮事件

如图5.4.2-3所示，设置录制完毕事件。当录音机录制完成后，音频播放器的文件将会设置为刚才所录制的录音文件，并会提示"录音完毕"。

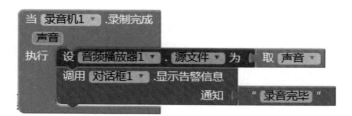

图5.4.2-3　录制完毕事件

App Inventor 2
互动编程

如图5.4.2-4所示，设置音频播放器参数。当用户点击"开始录音"时，系统将开始录音；当用户点击"停止录音"时，系统将停止录音，并会弹出提示信息。

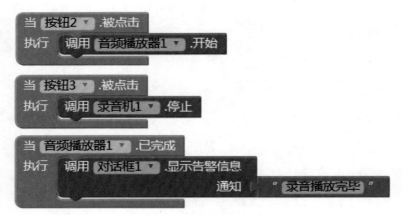

图5.4.2-4　音频播放器

如图5.4.2-5所示，设置滑动条事件。当滑动条位置改变时，音频的音量大小将也将随之调整。

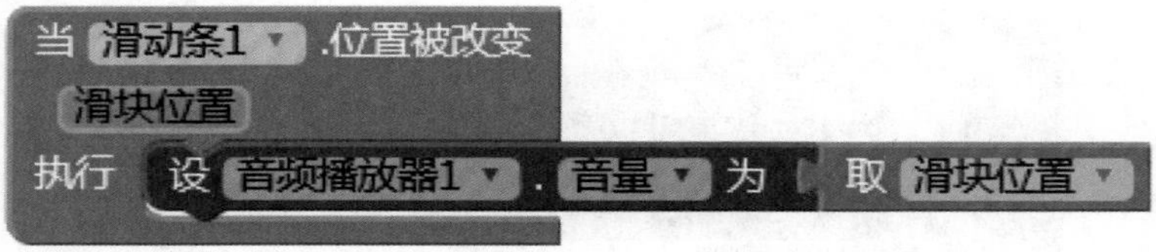

图5.4.2-5　滑动条事件

5.5　语音识别器控件

5.5.1　控件介绍

语音识别技术，也被称为自动语音识别（Automatic Speech Recognition，缩写为ASR），其目标是将人类语音中的词汇内容转换为计算机可读的输入，例如按键、二进制编码或者字符序列。

语音识别技术的应用包括语音拨号、语音导航、室内设备控制、语音文档检索、简单的听写数据录入等。语音识别技术与其他自然语言处理技术（如机

器翻译及语音合成）相结合，可以构
建出更加复杂的应用，例如语音到语
音的翻译。

图5.5.1-1　语音识别器

AI2 提供了语音识别控件（如图5.5.1-1所示），该控件可调用手机的语音
识别功能，读取语音信息。

5.5.2　实例——语音识别

语音识别用于人机语音互动转译，即将用户话音内容进行识别并返回文字
信息。语音识别越来越多地应用于智能终端中，业内应用最为广泛的当属苹果
公司的Siri以及科大讯飞公司的语音云。语音识别应用实例的开发包括界面设计
和逻辑模块设计两大部分。界面设计中设置说话按钮，点击按钮进行说话后，
将会在屏幕显示返回的结果。逻辑模块设计则是配置相关按钮的参数，实现人
机语音互动。

1.　界面设计

如图5.5.2-1所示，本应用包含三个控件、一个标签、一个按钮和一个语音
识别。"标签1"用于显示语音识别出来的语音信息；"按钮1"用于开启语音
识别。

图5.5.2-1　界面设计

表5.5.1-1　控件属性设置

组件	命名	作用	UI属性
Sreen	Screen1		默认
标签	标签1	显示话语	高度：50像素
按钮	按钮1	点击识别语音	文本：请说话
语音识别器	语音识别器1	识别语音	

2. 逻辑模块设计

如图5.5.2-2所示，设置开始识别按钮事件。点击语音识别器后可启动手机语音识别的功能。

图5.5.2-2　开始识别按钮事件

如图5.5.2-3所示，设置语音识别器完成识别事件。当用户完成说话以后松开手指，语音识别正式完成，这时语音识别器会将识别到的信息在标签1中显示出来。

图5.5.2-3　语音识别器完成识别事件

5.6　文本语音转换器控件

5.6.1　控件介绍

文本语音转换器是一款实用的文字-语音（Text to Speech）转换工具。文本语音转换器可以实现语音朗读功能（支持中、英文），转换时可以根据需要设置语音的种类（男声或女声；中文或英文）、语音速度、音频、音量等参数。如图5.6.1-1所示，可将文本转化为语音。

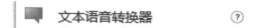

图5.6.1-1　文本语音转换器

5.6.2　实例——文本转换家

文本转换家用于文本信息转换为语音，可以通俗地理解为语音识别功能的"逆操作"。文本转换家应用实例的开发包括界面设计和逻辑模块设计两大部分。界面设计是在编辑区域放置文本输入框按钮。逻辑模块设计则是对相关按钮的参数进行配置，实现文本输入和语音转换功能。用户在文本输入框中输入想要转换成语音的文本，然后点击"转换为语音"按钮，手机就能把文本输入框中的信息念读出来。

1．界面设计

用户在文本输入框里面输入想要转换成语音的文本，然后点击"转换为语音"按钮，手机就能把文本输入框中的信息念读出来。

图5.6.2-1　界面设计

如图5.6.2-1所示，"文本输入框1"用于用户输入需要变成语音的文字信息，点击"按钮1"即可将"文本输入框1"中的文本变成相应的语音信息。

表5.6.2-1　控件属性设置

组件	命名	作用	UI属性
Screen	Screen1		水平对齐：居中 垂直对齐：居中
文本输入框	文本输入框1	输入文本内容	默认
按钮	按钮1	点击按钮进行翻译	文本：翻译
文本语音转换器	文本语音转换器1	启动手机文本转语音功能	默认

2. 逻辑模块设计

如图5.6.2-2所示，设置翻译按钮点击事件。点击"翻译"按钮，文本语音转换器自动获取文本输入框中的文本信息，然后经过转换器发出相应的语音。

图5.6.2-2　翻译按钮点击事件

第6章
绘图动画控件

绘图动画控件相较于其他控件的不同之处在于：绘图动画控件相互依存，即一个控件的使用必须基于另一个控件的存在。但是，它们之间的运用又非常灵活，与使用者的互动甚为密切，是一套应用广泛、丰富多彩的控件。

6.1 画布控件

6.1.1 控件介绍

画布控件如图6.1.1-1所示，使用画布控件可进行绘画绘图。画布控件是球形精灵的载体，设定好活动范围，使球形精灵在特定的范围活动。同时，画布控件的背景可以改变相关参数，如背景颜色、大小等，给整个应用添加色彩。也可以作为绘图工具，直接在画布上创作，非常直观，是AI2中一个不可缺少的控件。

图6.1.1-1 画布控件

6.1.2 实例——写字板

写字板可将用户手指在屏幕上的轨迹标识，并原样展现。写字功能对于不认识的字或者是未知拼音的字，可以"画"出来。写字板应用实例的开发包括界面设计和逻辑模块设计两大部分。界面设计是在开发区域中放置写字画布的

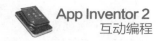

按钮。逻辑模块设计则是配置相关按钮的参数，实现触碰坐标的显现及显示图案清除的功能。

1. 界面设计

如图6.1.2-1所示，先把"画布1"控件拖动到手机屏幕里面并设定画布属性，然后拖动按钮控件到手机屏幕即可。

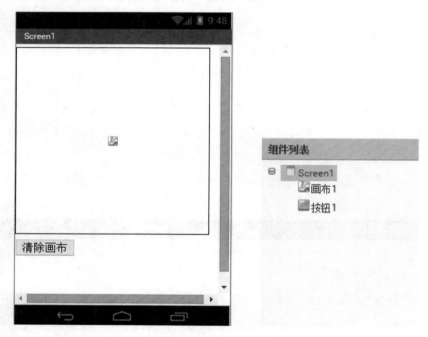

图6.1.2-1　界面设计

表6.1.2-1　控件属性设置

组件	命名	作用	UI属性
Screen	Screen1		默认
按钮	按钮1	清除画布	文本：清除
画布	画布1		高度：300像素

2. 逻辑模块设计

如图6.1.2-2所示，设置画布拖动事件。当用户的手指点击画布位置并开始拖动时，画笔将会按照用户手指的移动轨迹画出曲线。

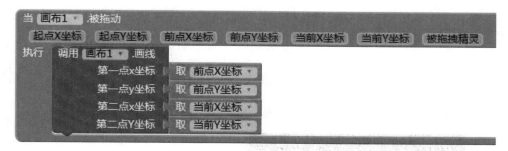

图6.1.2-2 画布拖动事件

如图6.1.2-3所示，设置清除按钮点击事件。画布里面所有的图案都将清除，整个画布会被刷新成原本的状态。

图6.1.2-3 清除按钮点击事件

6.2 球形精灵控件

6.2.1 控件介绍

球形精灵控件如图6.2.1-1所示，球形精灵如其名，球形的精灵。根据一定的设定变换自己的位置，触发不同的事件。然后，按照设定的坐标，完成事件。注意所有的动作必须在画布上完成，要使小球灵活地移动，先要设置好画布的大小。虽然有一定的局限性，但是其中的灵活性是其他控件无法比拟的。

图6.2.1-1 球形精灵

6.2.2 实例——随指尖移动的小球

随指尖移动的小球的应用，与写字板实例类似，当用户的指尖点击或拖动到屏幕内部时，球形精灵会移动到用户指尖所在的位置。该应用实例的开发包括界面设计和逻辑模块设计两大部分。界面设计由画布控件和一个球形精灵控

件组成，用于显示移动区域以及移动的小球。逻辑模块设计则是检测用户触碰点，获得坐标，使小球出现在该点。

1. 界面设计

如图6.2.2-1所示，先将"画布"控件拖动到手机屏幕并设置好画布的属性，然后拖动绘图动画里面的"球形精灵"控件到画布内部即可。

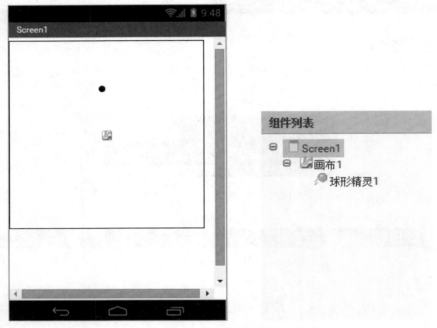

图6.2.2-1　界面设计

表6.2.2-1　控件属性设置

组件	命名	作用	UI属性
Screen	Screen1		默认
画布	画布1	摆放Ball控件	高度：300像素 宽度：300像素
球形精灵	球形精灵1	小球	半径：5 X坐标：177 Y坐标：110 Z坐标：1.0

2. 逻辑模块设计

如图6.2.2-2所示，设置画布拖动事件。当检测到用户指尖的位置，球形精灵控件便会移动到用户当前的指尖位置。

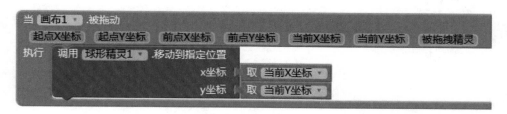

图6.2.2-2　画布拖动事件

第7章
传感器控件

传感器就像人的触觉、味觉和嗅觉等感官，能够检测、感受所在环境的信息。AI2的传感器包括条码扫描器、NFC传感器、位置传感器、方向传感器、加速度传感器和时钟控件，实现智能终端与外部物体之间的信息交互，实现M2M（机器到机器）的物物互联。

7.1　条码扫描器

7.1.1　控件介绍

条码扫描器通常被称为"条码扫描枪""阅读器"，用于读取条码包含的信息，可分为一维条码扫描器、二维条码扫描器。其中，大家接触最多的是二维码，可存储大量的信息（如网站地址、个人名片、广告内容等），应用越趋广泛。在AI2中，条码扫描器控件（如图7.1.1–1所示）可调用手机扫码功能，读出二维码中包含的信息（如图7.1.1–2所示）。

图7.1.1–1　条码扫描器　　　　　图7.1.1–2　二维码

7.1.2　实例——扫扫二维码

扫扫二维码用于扫描二维码，读取并呈现二维码信息。二维码广泛应用于商家推广、付款支付和应用下载等方面。该应用实例的开发包括界面设计和逻辑模块设计两大部分。界面设计是在开发区域内放置按钮。逻辑模块设计则是对按钮进行参数的配置，实现扫描、识码和显码的功能。

1．界面设计

如图7.1.2-1所示，将"标签1"控件、"按钮1"控件和"条码扫描器1"控件按顺序放置于手机屏幕中。

图7.1.2-1　界面设计

表7.1.2-1　控件属性设置

组件	命名	作用	UI属性
Screen	Screen1		默认
标签	标签1	显示扫码结果	默认
按钮	按钮1	启动扫描	文本：启动扫描
条码扫描器	条码扫描器1	调用手机的扫描器	默认

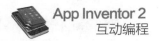

2. 逻辑模块设计

如图7.1.2-2所示，设置扫描按钮点击事件。当"扫描"按钮被点击时，手机会立即开启条码扫描器并进行扫描。

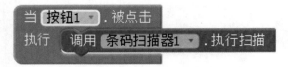

图7.1.2-2　扫描按钮点击事件

如图7.1.2-3所示，设置扫描结束事件。当"条码扫描器1"扫描结束时，"标签1"会显示扫描获取到的结果。

图7.1.2-3　扫描结束事件

7.2 NFC传感器

7.2.1 控件介绍

NFC（Near Field Communication，近距离无线通信），该技术由非接触式射频识别（RFID）演变而来，由飞利浦半导体（现恩智浦半导体公司）、诺基亚和索尼共同研制开发，其基础是RFID及互联技术。NFC采用主动和被动两种读取模式。

使用该应用须打开手机中的NFC功能。在AI2中，NFC传感器控件如图7.2.1-1。NFC传感器调用手机中的NFC功能，实现数据交互功能，如交通卡充值。

图7.2.1-1　NFC传感器

7.2.2　实例——交通卡充值

交通卡充值应用调用手机NFC功能，实现近距离交通卡片的充值。交通卡充值应用支持微信、支付宝等便捷支付方式，可随时随地进行交通卡的充值。该应用开发包括界面设计和逻辑模块设计两大部分。界面设计完成操作区域按钮的放置。逻辑模块设计对相关按钮进行参数配置，实现NFC控件的调用，读取交通卡信息。

1. 界面设计

如图7.2.2-1所示，把"标签1"控件和"NFC1"控件放置到手机屏幕即可。

图7.2.2 1　界面设计

表7.2.2-1　控件属性设置

组件	命名	作用	UI属性
Screen	Screen1		默认
标签	标签1	提示	文本：把交通卡放在手机背面充值
NFC	NFC1	调用手机的NFC	默认

2. 逻辑模块设计

如图7.2.2-2所示,设置NFC读取事件。标签读取到的信息返回到"标签1"中显示。

图7.2.2-2　NFC读取事件

7.3　位置传感器

7.3.1　控件介绍

定位是指通过GPS或基于运营商网络,获取移动手机或终端用户的位置信息(经纬度坐标),在电子地图上标出被定位对象位置的技术或服务。定位技术有两种,一种是基于GPS的定位,另一种是基于运营商网络的定位。基于GPS的定位方式是利用手机上的GPS定位模块将自己的位置信号发送到定位后台来实现手机定位的。运营商网络定位则是利用运营商基站对手机距离的测算来确定手机位置。后者不需要手机具有GPS定位能力,但是精度很大程度依赖于基站的分布及覆盖范围的大小,误差会超过一公里。前者定位精度较高。

AI2中的位置传感器控件,可用于读出手机所处的经度、纬度以及海拔。使用的时候首先要使手机处于网络可用状态,打开GPS功能,建议在室外使用。

图7.3.1-1　位置传感器

7.3.2　实例——读出你的位置

读出你的位置应用调用手机中位置传感器功能,利用GPS网络或者运营商网络,对手机进行定位,获取手机的位置信息。位置传感器性能的优劣决定位置信息的精准性。该应用开发包括界面设计和逻辑模块设计两大部分。界面设计将相关按钮放置在开发区域,将获取的位置(如经度、纬度、海拔)信息显示出来。逻辑模块设计则是配置相关按钮的参数，实现传感器位置信息的调用。

1. 界面设计

如图7.3.2−1所示，把"标签1""标签2""标签3"和"位置传感器1"放置在开发区域；"标签1"显示当前的海拔信息；"标签2"显示当前的纬度信息；"标签3"显示当前的经度信息。

图7.3.2−1　界面设计

表7.3.2−1　控件属性设置

组件	命名	作用	UI属性
Screen	Screen1		默认
标签	标签1	显示经度	默认
标签	标签2	显示纬度	默认
标签	标签3	显示海拔	默认
位置传感器	位置传感器1	调用手机的定位功能	默认

2. 逻辑模块设计

如图7.3.2-2所示，配置位置传感器参数。当用户手机所在的位置改变时，手机会自动检测并从GPS或运营商网络接收新的位置信息，并在"标签1""标签2""标签3"显示已经刷新的海拔、纬度、经度信息。

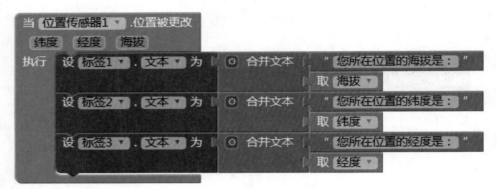

图7.3.2-2　位置传感器参数配置

7.4 方向传感器

7.4.1 控件介绍

方向传感器用以检测手机本身处于何种方向状态，而不是通常理解的指南针的功能。手机方向检测功能可以检测手机处于正竖、倒竖、左横、右横及仰、俯状态。AI2中含有方向传感器控件（如图7.4.1-1所示），可用于计算手机当前所在的方位（东南西北）、倾斜角及翻转角。

图7.4.1-1　方向传感器

7.4.2 实例——显示你的方位

显示你的方位应用通过调用手机中的方向传感器，进行手机方位的显示。与位置传感器一致，方向传感器性能的优劣同样决定了方位信息的精准性。该应用开发包括界面设计和逻辑模块设计两大部分。界面设计将相关按钮放置在开发区域，将读取到的方位角、倾斜角、翻转角的信息显示出来。逻辑模块设计则是配置相关按钮的参数，实现传感器方向信息的调用。

1. 界面设计

如图7.4.2-1所示，把三个"标签"控件和"方向传感器1"控件放置到开发区域；"标签1"显示"方位角"；"标签2"显示"倾斜角"；"标签3"显示"翻转角"。

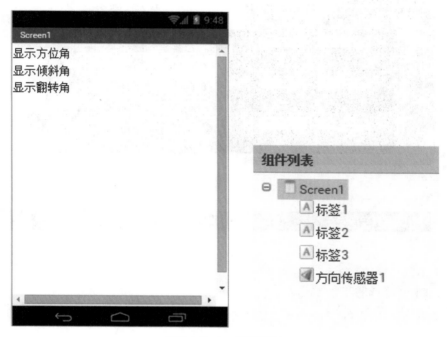

图7.4.2-1　界面设计

表7.4.2-1　控件属性设置

组件	命名	作用	UI属性
Screen	Screen1		默认
标签	标签1	显示方位角	默认
标签	标签2	显示倾斜角	默认
标签	标签3	显示翻转角	默认
方向传感器	方向传感器1	调用手机的方向传感器	默认

2. 逻辑模块设计

如图7.4.2-2所示，配置方向传感器的参数。该设置的目的是实时刷新方向传感器里面的"方位角""倾斜角"和"翻转角"，并在"标签1""标签2"和"标签3"中显示出来。

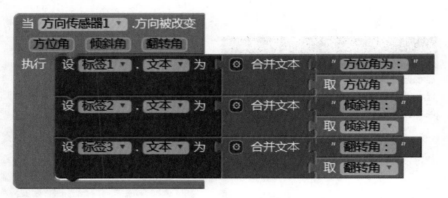

图7.4.2-2　方向传感器参数配置

7.5　加速度传感器

7.5.1　控件介绍

加速度传感器是指安装在手机上用以测量手机所在的三轴加速度位置的控件。获取手机所在的三轴加速度位置坐标信息，便于用户手柄摇晃、振动等操控，增加手机的娱乐性和趣味性。

如图7.5.1-1所示，AI2中的加速度传感器用于测量手机所在的三轴加速度位置坐标。

图7.5.1-1　加速度传感器

7.5.2　实例——比谁力量大

"比谁力量大"应用是一个有趣的小游戏，应用于手机甩动加速度信息的显示，据此确定手机甩动力度的大小。该应用开发包括界面设计和逻辑模块设计两大部分。界面设计放置相关按钮，实现实时加速度和最大加速度的显示，且可对数据进行重置。逻辑模块设计则是对相关按钮的参数进行配置，对加速度传感器调用的数据进行处理，同时进行比较，返回加速度数值的最大值。

1．界面设计

如图7.5.2-1所示，界面设计配置相关控件。

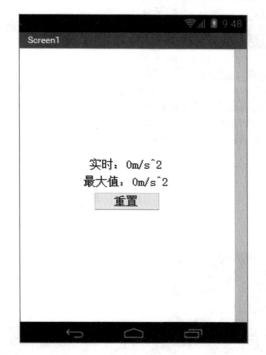
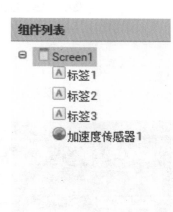

图7.5.2-1 界面设计

表7.5.2-1 控件属性设置

组件	命名	作用	UI属性
Screen	Screen1		水平对齐：居中 垂直对齐：居中
标签	标签1	显示X轴	文本：最大值：0m/sˆ2
标签	标签2	显示Y轴	文本：实时：0m/sˆ2
按钮	按钮1	重置数据	文本：重置
加速度传感器	加速度1	调用手机的加速度传感器	默认

2. 逻辑模块设计

如图7.5.2-2所示，定义相关变量。x、y、z为加速度三个方向的分量。"power1""power2"分别为实时加速度和最大加速度。

图7.5.2-2　定义变量

如图7.5.2-3所示，配置全局参量。从加速度传感器获取到的x、y、z三个分量，处理、合成为一个总的加速度。

图7.5.2-3　合成三个加速度分量

如图7.5.2-4所示，配置显示方式及内容。"标签2"的文本显示为实时的加速度。

图7.5.2-4　显示实时加速度

如图7.5.2-5所示，配置参量置换。如果实时的加速度大于已知的最大加速度，更新"power2"变量的值并显示。

图7.5.2-5 显示最大加速度

如图7.5.2-6所示，配置加速度传感器的参数，实现加速度数值改变与事件执行之间的联动。

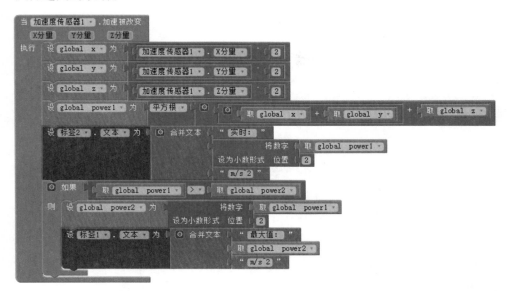

图7.5.2-6 加速度传感器事件参数配置

如图7.5.2-7所示，定义按钮点击事件。当点击的时候，重置最大加速度值。

图7.5.2-7 定义按钮点击事件

7.6 计时器控件

7.6.1 控件介绍

AI2中，含有计时器控件（如图7.6.1-1所示），用于调用手机内的计时器控件，实现手机内部的计时功能。该控件可以扩展出电子钟表、闹钟、智能秒表等应用。

图7.6.1-1 计时器

7.6.2 实例——电子倒计时器

电子倒数计时器应用，对用户设置的时间进行倒计时。用户输入截止时间，按开始键后电子倒计时器就会进入倒计时直至结束。电子倒计时可用于烹饪的计时提醒以及规定时间事项的控制。该应用开发包括界面设计和逻辑模块设计两大部分。界面设计对文本框进行设置，输入倒计时的时间，按按钮开始倒计时，并显示剩余的时间。逻辑模块设计则对全局变量时间、状态进行配置，使其保存并显示剩余时间。

1. 界面设计

如图7.6.2-1所示，把"标签1"和"计时器1"控件放置到开发区域。

图7.6.2-1 界面设计

表7.6.2-1 控件属性设置

组件	命名	作用	UI属性
Screen	Screen1		水平对齐：居中 垂直对齐：居中
文本输入框	文本输入框1	输入倒计时时间	默认
标签	标签1	显示时间	文本：剩余时间
按钮	按钮1	开始计时	文本：开始
计时器	计时器1	调用手机时钟	默认

2. 逻辑模块设计

如图7.6.2-2所示，定义状态和时间两个变量，状态用来表示是否开始计时，时间用来存放当前倒计时的时间。

85

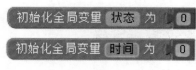

图7.6.2-2　定义变量

　　如图7.6.2-3所示，定义按钮点击事件。当按钮被点击的时候，倒计时开始。

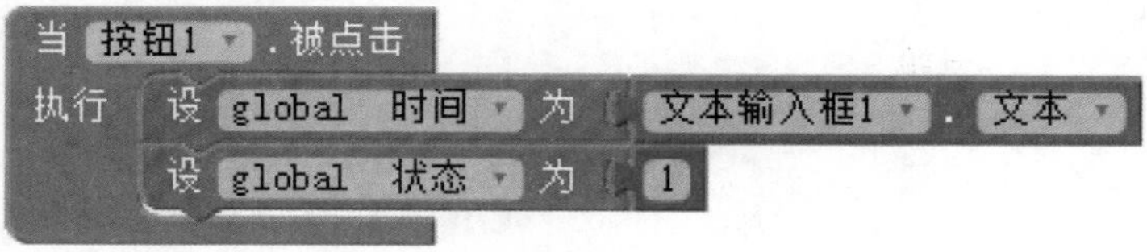

图7.6.2-3　定义按钮点击事件

　　如图7.6.2-4所示，定义计时器事件。当状态=1时，计时器每运行一次，时间就会减1，代表过去了1秒钟；当倒计时到0的时候，即倒计时结束，系统将状态重置为0。上述代码使文本不断获取当前的系统刷新时间，在计时器控件属性处，系统默认设置了每隔1000毫秒（1秒）执行该功能一次，从而实现倒计时的效果。

图7.6.2-4　定义计时器事件

第8章

社交控件

如今，手机可以实现各种强大的功能，给人们的生活带来许多便利，其中在社交方面更是发挥着重要的作用。社交应用的开发在APP开发中不可或缺。接下来，介绍如何使用AI2提供的社交控件开发社交应用。

AI2支持7个社交控件，包括联系人选择框、邮箱地址选择框、电话拨号器、电话号选择框、信息分享器、短信收发器和推特客户端，如图8.1所示。在本章节中，将详细学习如何使用控件实现拨打电话、收发短信、邮件收发和即时通信。如表8.1所示，给出了这7个控件的具体说明，其中由于国家防火墙对国内出境数据的选择性过滤等原因，暂不介绍推特客户端控件的使用方法。

社交应用	
联系人选择框	?
@ 邮箱地址选择框	?
电话拨号器	?
电话号选择框	?
< 信息分享器	?
短信收发器	?
推特客户端	?

图8.1 社交控件

表8.1　社交控件说明

控件	功能说明
联系人选择框	用于打开手机电话簿，选择联系人信息
邮箱地址选择框	用于输入电子邮件地址
电话拨号器	用于拨打电话
电话号选择框	用于打开手机电话簿，选择联系人号码
信息分享器	用于将信息分享到其他应用中
短信收发器	用于发送短信

8.1 联系人选择框和电话拨号器

8.1.1 控件介绍

1. 联系人选择框控件

联系人选择框的功能是打开手机上的联系人列表，它的组件显示如图8.1.1-1（a）所示。当需要调用联系人选择框时，打开方法如图8.1.1-1（b）所示。通过使用联系人选择框可以让用户获取联系人的信息，包括联系人的头像、姓名和邮箱地址。

联系人选择框

（a）

调用 联系人选择框1 .打开选框

（b）

图8.1.1-1　联系人选择框

联系人选择框的外观属性与按钮类似，另外还具有它的专有属性，如图8.1.1-2（a）所示。可以通过控制模块来获取这些信息，如图8.1.1-2（b）所示。

如图8.1.1-3所示，联系人选择框支持4个事件，"分别是选择完成""准备选择""获得焦点"和"失去焦点"。

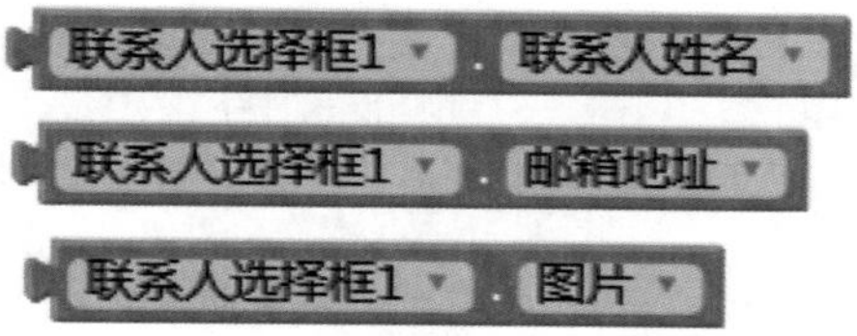

（a）

（b）

图8.1.1-2　联系人选择框属性

（a）

"选择完成"即按下联系人选择框并放开时发生的事件。

（b）

"准备选择"即按下联系人选择框发生的事件。

（c）

"获得焦点"事件就是当光标落在联系人选择框时发生的事件。

（d）

"失去焦点"事件是光标在联系人选择框失去焦点时发生的事件。

图8.1.1-3　联系人选择框4个事件

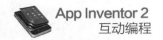

2. 电话拨号器

电话拨号器的功能是向指定的号码拨打电话，它是一个非可视组件，组件显示如图8.1.1-4（a）所示。要打开电话拨号器时，打开方法如图8.1.1-4（b）所示。

电话拨号器1

（a）   （b）

图8.1.1-4　电话拨号器

电话拨号器只有一个属性，就是电话号码，它可以在界面编辑器中修改，也可以通过联系人选择从电话簿中获取。需要注意的是，如果电话号码属性中没有设定任何电话号码，电话拨号器将不会被执行。所以拨号控件通常和选取号码控件结合使用，将获得的电话号码推送给电话拨号器使用，使用方法如图8.1.1-5所示。

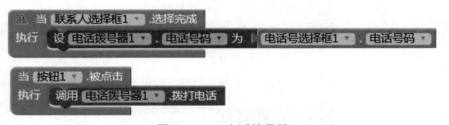

图8.1.1-5　电话拨号器

8.1.2　实例——拨打电话

无论手机如何演进，语音一直都是手机必不可少的功能。拨打电话是手机中不可或缺的应用。该应用开发包括界面设计和逻辑模块设计两大部分。界面设计是在开发区域部署"联系人选择框""拨号"等按钮，用户选择相应的联系人后，点击按钮进行拨号。逻辑模块设计则是对相关按钮进行参数配置，在选择联系人时显示相应的电话号码、姓名和联系人图片等信息，并在按钮按下后向选中者拨打电话。

1. 界面设计

界面设计如图8.1.2-1所示，在开发区域放置"联系人选择框""拨号"等按钮。

图8.1.2-1 界面设计

应用设计中涉及的控件属性设置如表8.1.2-1所示。

表8.1.2-1 控件属性设置

组件	命名	作用	UI属性
Screen	Screen1		默认
联系人选择框	联系人选择框1	打开电话簿	
标签	标签1		
图像	图像1	显示图片	宽度：300像素 高度：300像素
按钮	按钮1	拍照按键	文本：拨号
电话拨号器	电话拨号器1	拨打号码	

2. 逻辑模块设计

如图8.1.2-2所示，对应用中的逻辑模块进行参数配置。点击"联系人选择框1"，进入手机的电话簿，使用者可以选择想要拨打电话的联系人。选定一个

联系人后，应用会将此联系人的电话号码赋值给电话拨号器，将联系人的头像图片推送给"图像1"并显示在界面上，将联系人的姓名赋给"标签1"并显示在软件界面上。此时"按钮1"的显示状态变为可用状态，点击后将向获得的号码拨打电话。

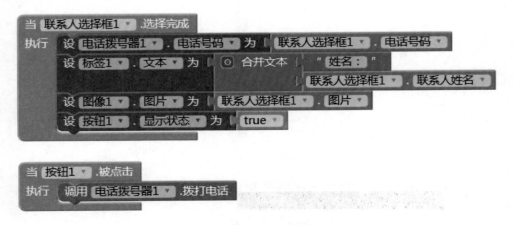

图8.1.2-2　模块参数配置

8.2　信息分享器

8.2.1　控件介绍

信息分享器的功能是将一段文本或一个文件分享到其他的社交软件上。它也是一个非可视组件，如图8.2.1-1（a）所示。信息分享器的打开方法如图8.2.1-1（b）所示。当调用信息分享器后，程序会自动打开各社交软件分享的界面供用户选择，如图8.2.1-2所示。

（a）　　　　　　　　　　　　　（b）

图8.2.1-1　信息分享器

图8.2.1-2   手机分享界面

通常，我们会将信息分享器和文件管理器一起使用，可以达到将文件与QQ、微信等社交软件互动的功能，可以使开发的应用更具有吸引力和社交互动性，配置界面如图8.2.1-3所示。

图8.2.1-3   信息分享器

8.2.2   实例——信息分享

信息分享，顾名思义，就是将某应用获取到的信息分享到其他应用，如将手机网页看到的新闻分享到微信好友或者朋友圈。随着手机应用功能的增多，信息分享的应用也越来越频繁。该应用开发包括界面设计和逻辑模块设计两大部分。界面设计设置相关控件按钮，实现信息分享的操作区块。逻辑模块设计则是对控件进行参数配置，实现所要分享信息的发送。

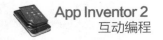
1. 界面设计

如图8.2.2-1所示，界面设计配置"文本输入框1""按钮2""信息分享器1"和"文件管理器"。

图8.2.2-1　界面设计

控件属性设置如表8.2.2-1所示。

表8.2.2-1　控件列表

组件	命名	作用	UI属性
Screen	Screen1		默认
文本输入框	文本输入框1	输入分享的文本	
按钮	按钮	分享按键	文本：分享文本
信息分享器	信息分享器1		
文件管理器	文件管理器1	储存分享的文件	

2. 逻辑模块设计

逻辑模块设计如图8.2.2-2所示，将"信息分享器1"与"文本输入框1"进行关联。在"文本输入框1"中输入想要分享的信息，程序就会将文本赋予信息分享器，点击"按钮1"即可将文本分享到其他社交软件上。

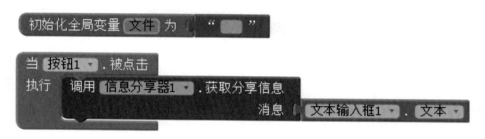

图8.2.2-2　逻辑模块设计

8.3　短信收发器

8.3.1　控件介绍

短信收发器用于短信的接收和发送，如图8.3.1-1（a）所示。它也是一个非可视控件。使用短信收发器的"发送消息"，即可发送短信，如图8.3.1-1（b）所示；同时有发就必有收，调用"收到消息"，即可接收他人的消息，如图8.3.1-1（c）所示。

（a）

（b）

（c）

图8.3.1-1　短信收发器

短信收发器的属性如图8.3.1-2所示，其中"电话号码"表示短信将要发往的手机号码，若没有选定号码发送将不会被执行，可以通过在界面输入或者调用电话簿内的信息进行选定。要注意的是电话号码的形式只能是一组数字，不能包含标点符号和空格。

图8.3.1-2　电话号码事件

如图8.3.1-3所示，"启用谷歌语音"属性表示使用者若拥有谷歌账号，短信将可通过谷歌进行发送。

图8.3.1-3　启用谷歌语音事件

如图8.3.1-4所示，"启用消息接收"属性有3个可选值，数值1表示忽略接收短信功能，数值2表示程序运行时才会接收短信，数值3表示后台接收短信（即使程序已经退出，仍会接受短信，手机会在通知栏内提示接收到短信，只要选择这条信息就会自动程序切换到前台）。

图8.3.1-4　启用消息接收事件

如图8.3.1-5所示，"短信"属性表示发送短信的内容。

图8.3.1-5　短信事件

8.3.2　实例——短信收发

短信收发应用，可实现对手机短信接收和发送的控制。短信收发是在语音功能上发展起来的，是手机的基础功能。该应用开发包括界面设计和逻辑模块设计两大部分。界面设计设置输入电话号码和短信的文本框，并设置按钮进行内容发送，以及设置复选框进行自动回复。逻辑模块设计则是配置相关控件的参数，按下按钮发送短信，以及显示收到的短信。

1. **界面设计**

如图8.3.2-1所示，界面设计设置"文本输入框""按钮""短信收发器"和"对话框"等控件。

图8.3.2-1　界面设计

控件属性设置如表8.3.2-1所示。

表8.3.2-1　控件属性设置

组件	命名	作用	UI属性
Screen	Screen1		默认
文本输入框	文本输入框1	输入电话号码	
文本输入框	文本输入框2	输入短信	
按钮	按钮1	发送按键	文本：发送
复选框	复选框1	选择是否自动回报	文本：自动回复
短信收发器	短信收发器1	收发短信	
对话框	对话框1	提示接收到短信	

2. 逻辑模块设计

如图8.3.2-2所示，对短信收发应用的控件进行参数配置。发送短信时，用户将要发送的文本输入到文本框2（TextBox2）中后，然后在文本框1（TextBox1）中输入电话号码，按下"按钮1"（Button1）就可以将短信发送至该号码。当手机收到短信时，对话框会通知"接收到短信"，文本框分别显示来信方的电话号码和短信内容。若复选框被勾选，程序将自动向来信方回复"我好忙"。

（a）

（b）

图8.3.2-2　逻辑模块设计

第9章
数据存储控件

谈到数据的储存，必须先了解数据库这一概念。数据库，简单来说就是电子化的文件柜，是存储电子文件的处所，可以对文件中的数据进行新增、截取、更新、删除等操作。具有可以与他人共享、减小冗余度、与应用程序彼此独立等特点。

图9.1　数据存储控件

在手机应用开发中，有些应用程序需要储存一些简单的数据，比如账号信息、交易信息、参数设定等。这些数据不会很复杂，只要在有需要的时候能提取出来就可以了。AI2提供了基于本地数据库和网络数据库等多种储存方式，包含微数据库控件和网络微数据库控件，可以满足用户所需的长期储存和网络分享等功能，数据存储控件图标如图9.1所示，其功能说明见表9.1。本章主要介绍微数据库控件和网络微数据库控件，学习如何使用该空间进行储存、访问和共享数据。

表9.1　控件介绍

控 件	功能说明
微数据库	本地储存数据
网络微数据库	数据通过互联网储存在指定的服务器

9.1　微数据库控件

9.1.1　控件介绍

微数据库控件是一个非可视控件，如图9.1.1-1所示。它没有任何属性和事件，支持5个方法，如图9.1.1-2所示。调用"清除所有数据"可以清除数据库内的全部数据；"获取标签数据"的功能是获得数据库中所有数据的标签列表；"获取数值"的功能则是用于获取相应标签的数据，若数据库中没有对应的标签，则会返回所设定的"无标签的返回值"；"保存数值"方法可以保存数据和对应的标签，数据可以是数值、文本、列表；调用"清除标签数据"可以清除指定标签下的数据。

非可视组件

TinyDB1

图9.1.1-1　微数据库控件

（a）用于清除数据库内的全部数据

（b）用于以获取数据库中所有的标签列表

（c）用于获取相应标签的数据

（d）用于保存的数据和对应的标签

（e）用于清除指定标签下的数据

图9.1.1-2 微数据库方法

"清除标签数据"的方法一定要有有效的标签输入，若收到无效的标签（数据库中不存在的标签），程序也不会报错，相当于清除了一条不存在的数据，这是一个无效的操作，如图9.1.1-3所示。而"清除所有数据"的方法则是没有标签可以输入，一旦该方法被调用就会删除所有数据和标签。

图9.1.1-3 微数据库方法举例

在使用"获取标签数据"方法时，获取整个数据库的标签数据，数据的形式为列表，如数据库中存在"0，书本1""1，书本2""2，书本3"三个数据和对应的标签，使用该方法后，屏幕会显示所有的标签"0，1，2"。

值得注意的是，一个应用程序只能使用一个微数据库控件，因为在一个程序中数据库是共享的，使用多个微数据库是没有意义的。另外也不能出现两个相同的标签，会出现数据错误和覆盖的问题。在两个应用程序间不能进行信息的交换和共享，因为微数据库是相互独立的。

9.1.2 实例——图书管理器

图书管理器应用，用于图书的出入库管理。图书管理器在图书馆里应用较多，也可以进行个人图书管理。该应用开发包括界面设计和逻辑模块设计两大部分。界面设计中，设置文本框进行书名输入，设置按钮进行图书的添加、修改、删除、清除。逻辑设计中，对控件的参数进行配置，将图书的信息进行储存，点击按钮后对图书进行相关的操作。

1. 界面设计

如图9.1.2-1所示，界面设计设置"添加图书""修改图书""删除书本"和"清除书本"等控件。控件属性设置如表9.1.2-1所示。

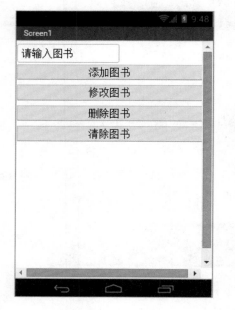

图9.1.2-1　界面设计

表9.1.2-1　控件列表

组件	命名	作用	UI属性
Screen	Screen1		默认
文本输入框	文本输入框1	输入图书名	
按钮	添加图书	添加图书	文本：添加图书
按钮	修改图书	修改图书	文本：修改图书
按钮	删除图书	删除图书	文本：删除图书
按钮	清除图书	清除图书	文本：清除图书
列表显示框	图书列表	显示图书	
微数据库	微数据库1	存储图书数据	

2. 逻辑模块设计

如图9.1.2-2所示，配置"索引""图书"全局变量。"索引"是指图书编号，"图书"是一个放置图书信息的列表。

图9.1.2-2　初始化逻辑模块

如图9.1.2-3所示，配置"修改图书"逻辑模块。把原本的图书根据编号选择，然后将文本输入框内的图书信息替换原来的图书信息。

图9.1.2-3　"修改图书"逻辑模块

如图9.1.2-4所示，配置"添加图书"逻辑模块。新增加的图书用编号1置顶，然后将文本输入框内的图书信息添加进去。

图9.1.2-4　"添加图书"逻辑模块

如图9.1.2-5所示，配置"图书列表"逻辑模块。点击图书列表，内部变量"索引"变为被选择的图书编号。

图9.1.2-5 "图书列表"逻辑模块

如图9.1.2-6所示,配置"存储图书列表"逻辑模块,显示并保存图书信息。

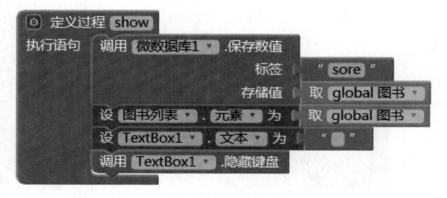

图9.1.2-6 存储"图书列表"逻辑模块

如图9.1.2-7所示,配置"删除书本"信息逻辑模块,实现删除书本信息功能。

图9.1.2-7 "删除书本"信息逻辑模块

如图9.1.2-8所示,配置"清除书本"列表逻辑模块,实现清空书本列表信息功能。

图9.1.2-8　"清除书本"列表逻辑模块

如图9.1.2-9所示，配置程序初始化逻辑模块，实现程序初始化及数据库初始化。

图9.1.2-9　程序初始化逻辑模块

第10章
通信连接

开发的应用程序，常常需要访问网络或者与客户端相互连接，这时就需要设置通信连接控件。AI2支持的通信连接控件主要有Web客户端控件和蓝牙服务器控件，如图10.1所示。通过本章的学习，掌握使用Web控件访问服务器以及使用蓝牙实现设备间短距离通信。

图10.1　通信连接控件

10.1 Web客户端控件

10.1.1　控件介绍

通常，访问互联网都是通过在浏览器输入目标网址的方式访问，但如果在设计的应用程序中需要连接到特定的网址就需要用到AI2提供的Web客户端控件。许多Web客户端服务提供了应用程序接口（API），使手机应用程序都可以直接访问这些API获取数据。Web客户端控件是一个非可视化控件，为应用提供在后台获取数据的功能，如图10.1.1-1所示。

Web客户端1

图10.1.1-1 Web客户端控件

在AI2中，Web控件支持5种属性，分别是允许使用Cookics、请求头信息、响应文件名称、保存响应信息、网站，如图10.1.1-2所示。

Web客户端1 . 允许使用Cookies

（a）是否保存响应信息的Cookies逻辑控件

Web客户端1 . 请求头

（b）请求头信息逻辑控件

Web客户端1 . 响应文件名称

（c）返回信息存储文件的位置名称逻辑控件

Web客户端1 . 保存响应信息

（d）将返回的信息存储在一个文件中逻辑控件

Web客户端1 . 网址

（e）请求登录的网站逻辑控件

图10.1.1-2 Web客户端控件属性

Web客户端控件支持获取文件和获取文本的事件，如图10.1.1-3所示。获取文件事件用于获取响应的数据文件的位置信息，参数"网址"表示请求来源使用的网址。"响应代码"表示请求的结果，结果使用数字表示，如"404"表示未找到请求的页面、"200"表示请求成功等。"响应类型"表示返回数据的类型，比如"text/csv"表示获取到csv格式的文本文件；"响应类型"为假表示响应数据不保存文件，若为真则表示响应数据将保存文件。在"文件名"中可

107

得到保存文件的位置信息。

图10.1.1-3　Web客户端控件事件

Web客户端控件的方法如表10.1.1-1所示。

表10.1.1-1　Web客户端方法介绍

方法	说明
创建请求数据	将两个元素的子列表转换为格式化的字符串。
清除Cookies	清空Cookies（网站储存在用户本地终端上的数据）。
删除	根据属性Url的值执行一个HTTP DELETE的请求，并得到一个新的应答。
执行GET请求	执行一个HTTP GET请求，并根据属性SaverResponse获取响应。
解码html文本	对html文本值进行解码。
解码json文本	对json文本值进行解码。
执行POST文件请求	根据属性值Url执行HTTP POST请求，path参数指定Post文件的路径。
执行POST编码文件请求	根据属性值Url执行HTTP POST请求，text参数指定Post的文本值。
执行PUT文件请求	根据属性值Url执行HTTP POST请求，text参数指定的文本内容，文本内容使用encoding指定的参数进行编码。
执行PUT文本请求	根据属性值Url执行HTTP POST请求，path参数指定Post文件的路径。
执行PUT编码文件请求	根据属性值Url执行HTTP POST请求，text参数指定Post的文本值，text的内容使用UTF-8编码。
URL编码	根据属性值Url执行HTTP POST请求，text参数指定Post的文本值，text的内容使用encoding指定的编码方式编码。
XMLTextDecode	编码字符串，使它可以在URL中使用。

10.1.2　实例——网络访问

本实例实现了对互联网的访问。该应用开发包括界面设计和逻辑模块设计两大部分。界面设计设置了相应的按钮、输入框和网页显示控件，点击按钮实现前进、退后、主页、输入网址等常用网络访问功能。逻辑模块设计则是对控件进行参数配置，实现调用Web客户端控件进行访问网页。

1.　界面设计

界面设计如图10.1.2-1所示，在开发区域放置"标签""文本输入框"和"Web浏览框"等按钮。控件属性设置如表10.1.2-1所示。

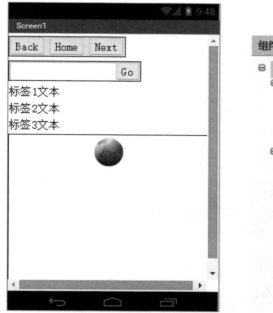

图10.1.2-1　界面设计

表10.1.2-1　控件列表

组件	命名	作用	UI属性
Screen	Screen1		默认
水平布局	水平布局1		
按钮	Back	返回上一步	文本：Back
按钮	Home	返回首页	文本：Home

续上表

组件	命名	作用	UI属性
按钮	Next	跳到下一步	文本：Next
水平布局	水平布局2		
文本输入框	文本输入框1	输入网址	
按钮	Go	访问网址	文本：Go
标签	标签1	显示网址	
标签	标签2	显示响应代码	
标签	标签3	显示响应类型	
标签	标签4	显示响应内容	
Web浏览框	Web浏览框1		
计时器	计时器1	定时检查测网页	
Web客户端	Web客户端1	链接网络	

2. 逻辑模块设计

如图10.1.2-2所示，设置后退、前进和回到首页逻辑模块。

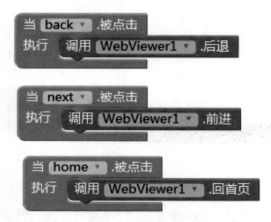

图10.1.2-2　后退、前进和回到首页逻辑模块

　　如图10.1.2-3所示，设置前进、后退可行性逻辑模块。点击"back"按钮网页后退一步，点击"next"按钮网页前进一步。定时检测当前网页是否可以后退或前进，若可以则为真执行命令，若不可以则为假不执行。

图10.1.2-3　检查前进、后退的可行性逻辑模块

如图10.1.2-4所示，设置"go"按钮逻辑模块。当点击"go"按钮时，先检测文本中是否含有"http://"，有则访问地址，没有则合并文本"http://"再访问。

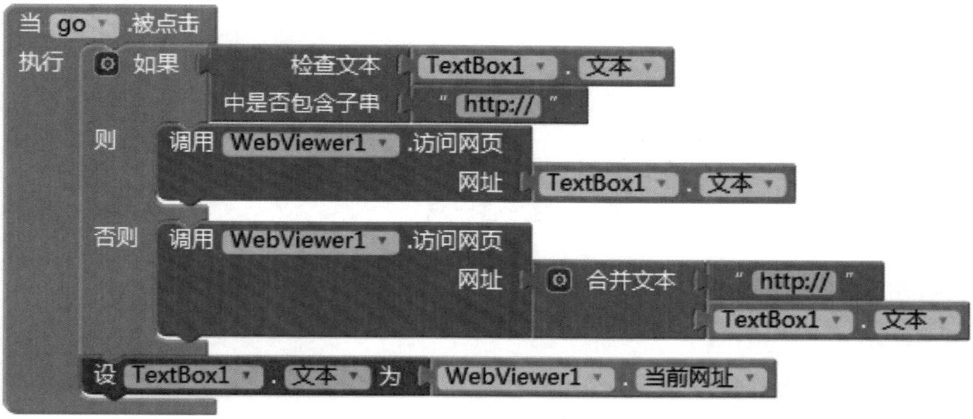

图10.1.2-4　"go"按钮设置逻辑模块

如图10.1.2-5所示，设置显示网址逻辑模块。当Web客户端启用时，使用标签1-4显示网址、响应代码、响应类型、响应内容等信息。

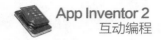
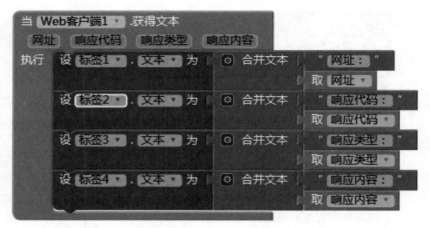

图10.1.2-5　显示网址逻辑模块

10.2 蓝牙客户端控件

10.2.1 控件介绍

　　蓝牙是一种无线技术标准，可实现固定设备、移动设备之间的短距离数据交换。在很多手机应用程序中，都是以蓝牙的方式实现数据传输。AI2也包含蓝牙控件，如图10.2.1-1所示。

图10.2.1-1　蓝牙客户端控件

　　在AI2中，蓝牙客户端控件支持8种属性，分别是蓝牙地址及名称、可用状态、字符编码、连接状态、启用安全连接、分隔符字节码、启用、高位优先，如图10.2.1-2所示。

（a）显示蓝牙地址及名称

（b）显示配对的蓝牙设备的工作状态、是否可用

（c）蓝牙字符编码的使用

（d）显示蓝牙连接状态

（e）启用安全连接

（f）进行分隔符字节码设置

（g）启用蓝牙

（h）采用高位优先的数据传输方式

图10.2.1-2 蓝牙客户端属性

蓝牙客户端控件拥有19个使用方法，如表10.2.1-1所示。

表10.2.1-1 蓝牙客户端控件的使用方法

方法	说明
获取接收字节数	预计可接收的字节数。
连接	与指定地址的蓝牙设备进行连接，成功返回ture。
连接指定设备	与指定地址和UUID的蓝牙设备进行连接，成功返回ture。
断开连接	断开已连接的蓝牙设备。
检测设备是否配对	检测是否完成配对。

续上表

方法	说明
接收单字节带符号数字	从已连接的蓝牙设备中接收一个字节的有符号数。
接收双字节带符号数字	从已连接的蓝牙设备中接收两个字节的有符号数。
接收四字节带符号数字	从已连接的蓝牙设备中接收四个字节的有符号数。
接收带符号字节数组	从已连接的蓝牙设备中接收有符号数组。
接收文本	从已连接的蓝牙设备中接收有符号字符串。
接收单字节无符号数字	从已连接的蓝牙设备中接收一个字节的无符号数字。
接收双字节无符号数字	从已连接的蓝牙设备中接收两个字节的无符号数字。
接收四字节无符号数字	从已连接的蓝牙设备中接收四个字节的无符号数字。
接收无符号字节数组	从已连接的蓝牙设备中接收无符号数组。
发送单字节数字	向已连接的蓝牙设备发送一个字节长度的数字。
发送双字节数字	向已连接的蓝牙设备发送两个字节长度的数字。
发送四字节数字	向已连接的蓝牙设备发送四个字节长度的数字。
发送字节数组	向已连接的蓝牙设备发送数组。
发送文本	向已连接的蓝牙设备发送字符串。

10.2.2 实例——蓝牙串口

蓝牙串口应用，可将两台配置有蓝牙的终端进行连接。蓝牙串口在手机控制机器人中应用广泛，后续章节将会多次使用到这一应用。该应用开发包括界面设计和逻辑模块设计两大部分。界面设计是设置好连接的设备，并设置文本输入窗口向设备传送文本。逻辑模块设计则是进行蓝牙的配对，获取相关的蓝牙数据，设置计时器定时接收数据。

1. 界面设计

如图10.2.2-1所示，界面设计设置"文本输入框""按钮""计时器"和"蓝牙客户端"等控件。控件属性设置如表10.2.2-1所示。

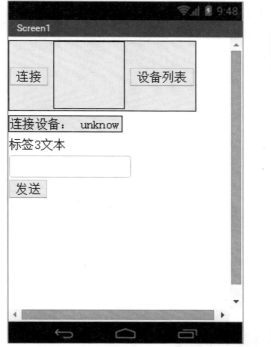

图10.2.2-1　界面设计

表10.2.2-1　控件列表

组件	命名	作用	UI属性
Screen	Screen1		默认
水平布局	水平布局1		
按钮	连接	连接选定的蓝牙设备	文本：连接
水平布局	水平布局2		

续上表

组件	命名	作用	UI属性
按钮	设备列表	显示已配对的蓝牙设备	文本：设备列表
水平布局	水平布局3		
标签	Label1	指示连接状态	
标签	condition	显示连接状态	
标签	标签1	显示接收文本	
文本输入框	文本输入框1	显示发送的文本	
按钮	按钮1	发送在文本输入框中的内容	文本：发送
对话框	对话框1	显示警告	
蓝牙客户端	蓝牙客户端1	提供蓝牙支持	
计时器	计时器1	定时接收文本	

2. 逻辑模块设计

如图10.2.2-2所示，设置初始化全局变量和屏幕显示信息，打开应用显示"欢迎使用本软件！"。

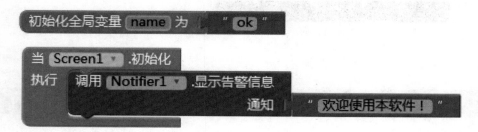

图10.2.2-2　初始化全局变量设置

如图10.2.2-3所示，设置蓝牙连接逻辑模块。获取蓝牙连接状态，并在手机屏幕上显示蓝牙状态。点击设备列表显示已配对的蓝牙设备，选中后在点击连接即可连接，成功连接显示"OK"。

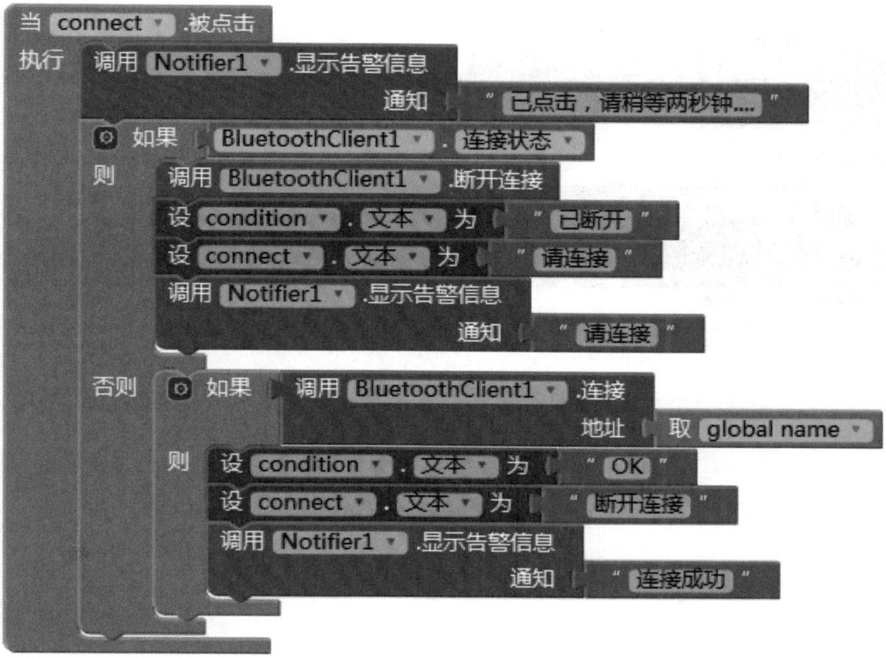

图10.2.2-3　蓝牙连接逻辑模块设置

如图10.2.2-4所示，设置蓝牙配对逻辑模块，配置蓝牙，包括连接的地址和名称。

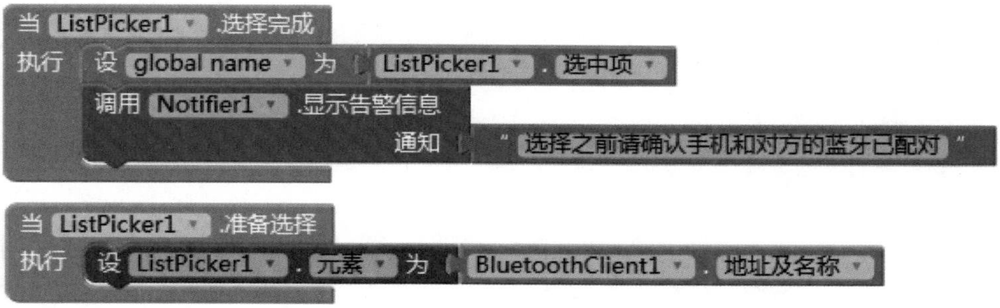

图10.2.2-4　蓝牙配对逻辑模块设置

如图10.2.2-5所示，设置定时接收数据逻辑模块。在输入框中输入文本后，点击"按钮1"，手机蓝牙就会发送该文本；程序定时接收连接的蓝牙设备发送回手机的信息为十六字节的数据。

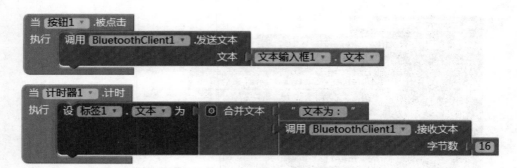

图10.2.2-5　定时接收数据逻辑模块设置

第三篇

游戏开发篇

本篇将运用前面两篇学习的基础知识和控件知识，开发极富创意、生动有趣、引人入胜的小游戏，巩固知识的同时，锻炼读者动手、动脑的开发能力。

本篇选取地鼠大战、重力求生、飞机大战、水果保龄球、抢零食大作战等人机互动小游戏，介绍游戏的设计思路、开发过程，综合运用AI2中的控件、工具和语言，逐步深入，充分感受AI2的魅力。读者在学习本篇章的过程中，可以根据自己的喜好、想法，调整设计思路，开发自己感兴趣的游戏。

第11章
地鼠大战

11.1 设计思想

打地鼠是一个休闲游戏。邪恶的地鼠会从地洞里钻出来挑衅玩家，玩家要及时地打死它们，否则它们将会躲回地洞里。每打一个地鼠就会获得相应的分数。当玩家打到善良的地鼠时游戏将会结束。首先要把需要用到的图片资源上传到AI2中。这里需要一张背景图（如图11.1-1所示）和两种地鼠的图片（如图11.1-2、11.1-3所示）。

图11.1-1 背景图

图11.1-2 邪恶的地鼠

图11.1-3 善良的地鼠

11.2 界面设计

界面设计中需要新建两个屏幕（Screen），加上默认屏幕，共有三个屏幕。其中第一个屏幕是欢迎界面。打开应用首先显示的是欢迎界面，其中有分别用来开始和退出游戏两个按钮。第二个屏幕是游戏操作界面，游戏过程都将会在第二个屏幕里进行。第三个屏幕是游戏结束后出现的，上面会显示玩家获得的分数，以及一个用来重新开始游戏的按钮。

1．第一个屏幕

如图11.2-1所示，将Screen1的屏幕方向设置为水平方向，从属性界面设置屏幕方向（ScreenOrientation）里选择锁定横屏（Landscape）。之后选择背景图片。

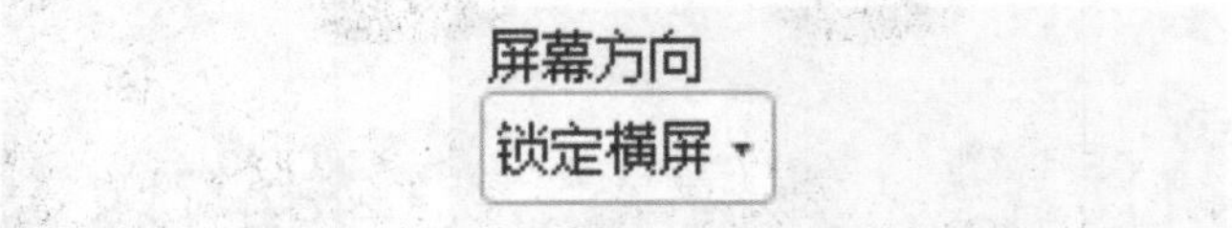

> 屏幕方向
> 锁定横屏 ▾

图11.2-1 设置屏幕方向

如图11.2-2所示，添加两个水平排列的按钮。

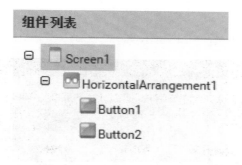

图11.2-2　水平排列按钮的设置

2. 第二个屏幕

配置如图11.2-3所示，首先选择背景图片为游戏用的图片，在左上角添加一个标签（Label）用来显示玩家的分数。然后，添加一个画布（Canvas），并将它的宽（Width）和高（Height）都设置为满屏（Fill Parent）。接着，添加三个图片精灵（ImageSprite）用来显示地鼠，其中两个分别显示邪恶的地鼠和善良的地鼠（图片精灵1、2），另一个用来显示炸弹（图片精灵3）。最后，添加三个计时器，用来控制三个地鼠出现的时机。

图11.2-3　第二个屏幕设置

控件添加好之后，需要调整地鼠的大小以期与地图上的地洞相匹配，如图
11.2-4所示。然后，将地鼠移动到每一个洞，记录下每个地洞的坐标，坐标从
属性界面可以获得，如图11.2-5所示。

图11.2-4　游戏界面

X

312

Y

12

图11.2-5　坐标获取

3. 第三个屏幕

如图11.2-6所示，添加两个标签和一个按钮，标签用来显示玩家的分数，
按钮用来重新开始游戏。

图11.2-6　组件列表

11.3 逻辑设计

1. 第一个屏幕

如图11.3-1所示，对按钮的点击事件进行配置。第一个按钮的点击事件设为打开第二个屏幕，第二个按钮的点击事件设为关闭本应用。

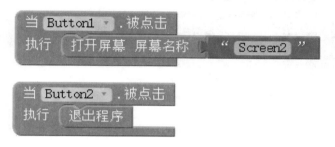

图11.3-1　按钮点击事件

2. 第二个屏幕

如图11.3-2所示，对初始化变量进行配置。需要两个全局变量"triger"和"score"，前者用来驱动地鼠变换位置，后者用来存放玩家的分数。

图11.3-2　初始化变量

如图11.3-3所示，配置图片精灵1的点击事件，即配置"ImageSprite1.被按压"代码块。点击地鼠的时候会有相应的事件发生，当按下图片精灵1时触发所配置的事件。

图11.3-3　图片精灵1的点击事件

如图11.3-4所示，配置"ImageSprite1.被按压"事件。将"ImageSprite1.显示状态"设置为"false"，这样地鼠将不会显示出来。之后再将全局变量score加1。当按下"地鼠"时，地鼠将消失，同时分数将会加1。

图11.3-4　配置"ImageSprite1.被按压"事件

如图11.3-5所示，配置"ImageSprite2被按压"事件，即配置图片精灵2的点击事件，操作方法与图片精灵1一致。

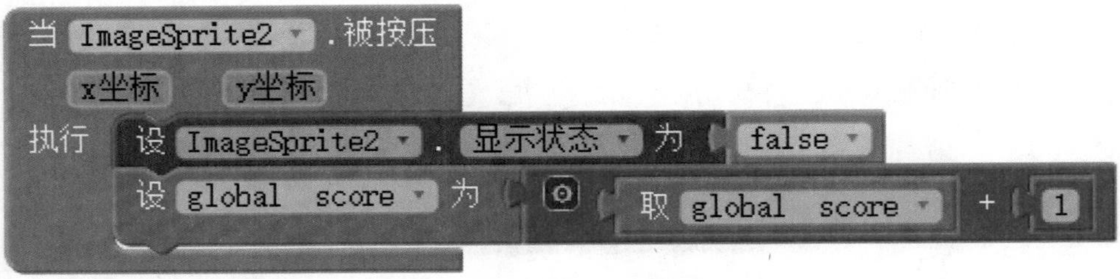

图11.3-5　配置"ImageSprite2.被按压"事件

如图11.3-6所示，配置"ImageSprite3.被按压"事件，即配置图片精灵3的点击事件。在游戏的过程中，不能点击到炸弹（图片精灵3），否则将会结束游戏。将图片精灵3的按下事件设为按下后打开第三个屏幕。游戏过程还需要在第三个屏幕显示玩家获得的分数即需要第二个屏幕的"score"变量，但是在第三个屏幕并不能直接获取第二个屏幕的变量，这就需要将"score"变量作为初始值传送到第三个屏幕。这个代码块的作用是当按下图片精灵3的时候将会打开第三个屏幕，同时把分数作为开始参数（初始值）传送到屏幕三中。

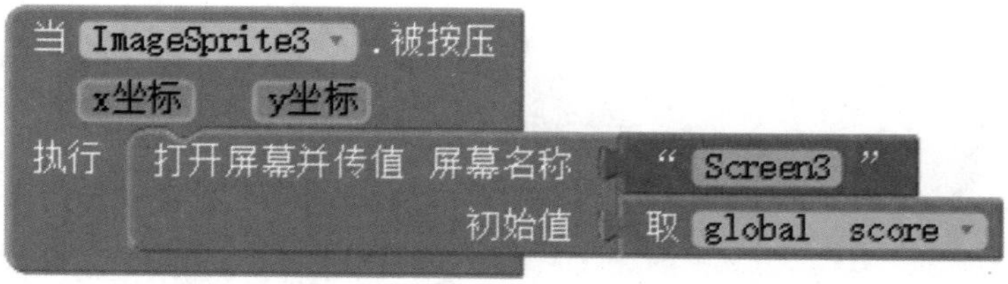

图11.3-6 配置ImageSprite3被按压事件

游戏中，地鼠消失后会在其他地洞中再次出现。一只地鼠（图片精灵）可以出现在9个地洞的任意一个，可运用随机数决定地鼠下一次出现的地方，随机数1~9代表10个位置。同时，需要知道每个地洞的坐标，在前面界面设计里已经获得了每个地洞的坐标，需要将图片精灵的当前坐标设置为目标坐标。

如图11.3-7所示，新建一个过程n11，11代表图片精灵1显示在第一个地洞的坐标，"triger"参数的数值是随机生成。修改好坐标后需要将图片精灵设置为可见。

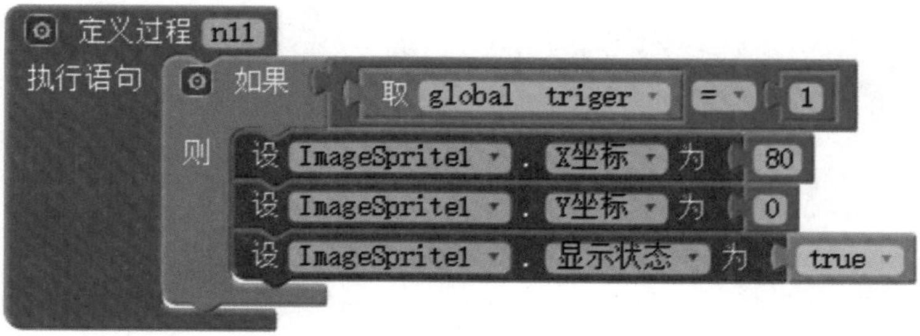

图11.3-7 设置地鼠坐标（过程n11）

如图11.3-8所示，需要为一个地鼠设置另外八个同样的过程，与n11过程同样的方法，新建过程n12~n19。

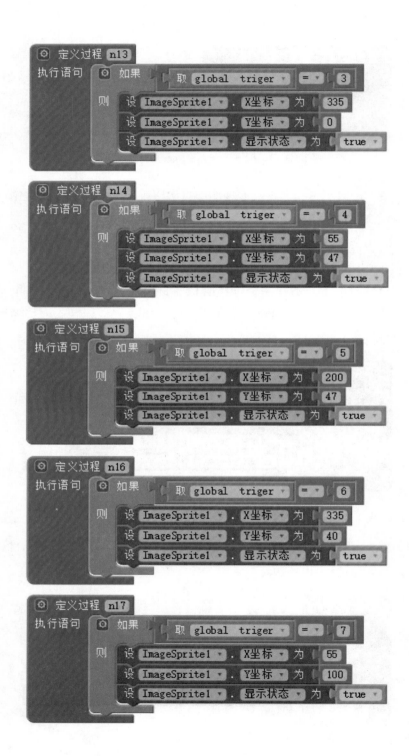

128

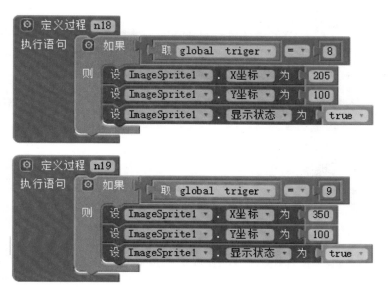

图11.3-8　设置地鼠坐标设置地鼠坐标（过程n12~n19）

如图11.3-9所示，设置计时器属性。将计时器1（Clock1）的时间间隔设置为500，这样计时器1每500毫秒执行一次。

图11.3-9　设置计时器属性

如图11.3-10所示，设置计时器事件。将计时器和前面完成的过程组合起来，首先让"triger"参数随机从1～9中获取一个整数，然后根据"triger"的值来选择地鼠下一次出现的地方并更新一次玩家的分数。

图11.3-10　计时器事件

如图11.3-11所示，用上述方法完成另外两个地鼠计时器事件的设置。

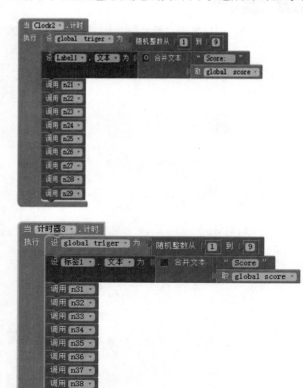

图11.3-11　计时器事件

3. 第三个屏幕

如图11.3-12所示,设置第三个屏幕按钮点击事件。第三个屏幕要显示玩家的分数和显示重新开始游戏的按钮。当屏幕初始化时,显示玩家的分数。"获取初始值"代码块的值是从第二个屏幕传过来的玩家分数的值。

图11.3-12　第三个屏幕按钮点击事件

至此,就完成了整个游戏的设计。将游戏生成apk安装文件到手机即可运行该游戏。

11.4 游戏界面

游戏安装完成,打开游戏,进入游戏主界面,"Start"按钮开始游戏,"Quit"按钮关闭游戏,游戏主界面如图11.4-1所示。

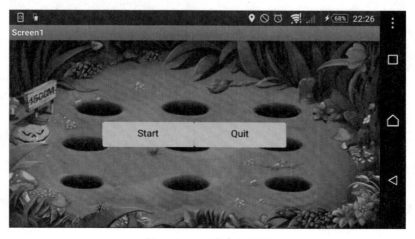

图11.4-1　游戏主界面

App Inventor 2
互动编程

通过"Start"按钮后将会进入游戏运行的界面。玩家通过敲打地鼠获得分数，如果打到炸弹游戏将会结束，游戏运行界面如图11.4-2所示。

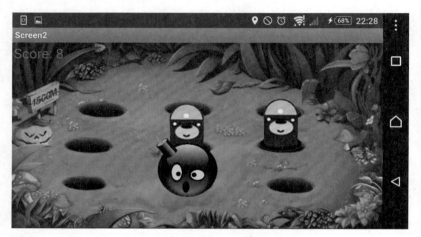

图11.4-2　游戏运行界面

玩家按到炸弹的时候将会进入游戏结束画面，同时画面上显示玩家获得的分数，游戏结束画面如图11.4-3所示。

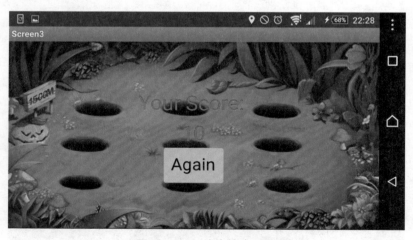

图11.4-3　游戏结束画面

第12章
重力求生

12.1 设计思想

　　玩家用重力控制一个小球，要及时躲避从四面八方来的"敌人"，一旦碰到它们游戏就结束。玩家获得的分数将由坚持的时间决定，玩家坚持的时间越久，获得的分数也越多。首先要把需要用到的图片资源上传到AI2中。本游戏需要用到四张图片，一张是代表玩家的图片（如图12.1-1所示），其余三张是代表"敌人"的图片（如图12.1-2所示），当玩家触碰到"敌人"，游戏将会马上结束。

图12.1-1　玩家图片

（a）　　　　　　　　（b）　　　　　　　　（c）

图12.1-2　"敌人"图片

12.2 界面设计

界面设计中需要新建两个屏幕（Screen），加上默认屏幕，共有三个屏幕。其中第一个屏幕是欢迎界面。打开应用首先显示的是欢迎界面，其中有分别用来开始和退出游戏两个按钮。第二个屏幕是游戏操作界面，游戏过程都将会在第二个屏幕里进行。第三个屏幕是游戏结束后出现的，上面会显示玩家获得的分数，以及一个用来重新开始游戏的按钮。

1. 第一个屏幕

如图12.2-1所示，添加两个按钮，一个用来开始游戏，另一个用来退出游戏。

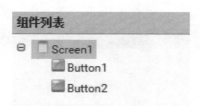

图12.2-1　按钮的设置

2. 第二个屏幕

界面设置如图12.2-2所示。首先，把背景图片选择为游戏用的图片，在左上角添加一个标签（Label）用来显示玩家的分数。然后，添加一个画布（Canvas）进来，并将它的宽（Width）和高（Height）都设置为满屏（Fill Parent）。添加7个图片精灵（ImageSprite）进画布，其中一个为玩家控制，其余六个为"敌人"。再添加一个方向传感器（OrientationSensor）和两个计时器。方向传感器用来读取当前设备的姿态角以便玩家控制，一个计时器用来更新分数，另一个计时器用来更新"敌人"的位置。

控件添加好之后，再调整每个图片精灵的

图12.2-2　第二个屏幕组件列表

大小及其位置，如图12.2-3所示。

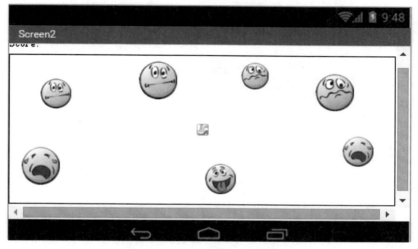

图12.2-3　游戏界面

3.　第三个屏幕

如图12.2-4所示，添加两个标签和一个按钮，标签用来显示玩家的分数，按钮用来重新开始游戏。

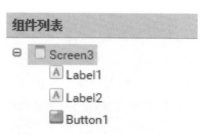

图12.2-4　第三个屏幕组件列表

12.3　逻辑设计

1.　第一个屏幕

如图12.3-1所示，对按钮的点击事件进行配置。将第一个按钮的点击事件设为打开第二个屏幕，第二个按钮的点击事件设为关闭本应用。

图12.3-1　第一个屏幕按钮点击事件

2. 第二个屏幕

如图12.3-2所示，首先需要两个全局变量"state"和"score"，前者记录当前游戏状态，后者用来存放玩家的分数。

图12.3-2　初始化变量

角度传感器读取设备三个姿态角Pitch、Roll和Azimuth分别代表设备绕X、Y、Z轴旋转的角度。在这里，只需要两个角度Roll和Pitch就能实现需要的功能。

如图12.3-3所示，设置计时器事件。代码块"OrientationSensor1.Roll"和"OrientationSensor1.Pitch"可以获取"翻转角"和"音调"两个姿态角的值。它们的范围都是-180°～180°，根据角度的正负号就能判断出设备倾斜的方向，从而控制小球移动的方向。将读取到的角度值映射到小球的坐标增量上就能实现用重力控制小球的功能，即能做到用重力控制小球移动的方向，也能根据设备倾斜的角度的大小来控制小球移动的速度。

图12.3-3　计时器事件

由于读取到的角度值会比较大，直接与坐标值相加会造成增量过大的结果，从而影响小球移动的平滑性。因此，将读取到的角度值除以2，同时将小球中的时间间隔属性（Interval）设置为10，即每秒运动100次，这样就能做到一个非常平滑的移动效果。"敌人"的移动方向及速度随机设定。代码块"设ImageSprite2.方向"可以设置图片精灵移动的角度，范围为0～360度；代码块"设 ImageSprite2.速度"设置图片精灵移动的速度，这里从5～15随机取值。同样的，为了让"敌人"能够平滑地移动，将小球中的时间间隔属性（Interval）属性设置为10（此设置在界面设置中进行）。以上设置如图12.3-4所示。

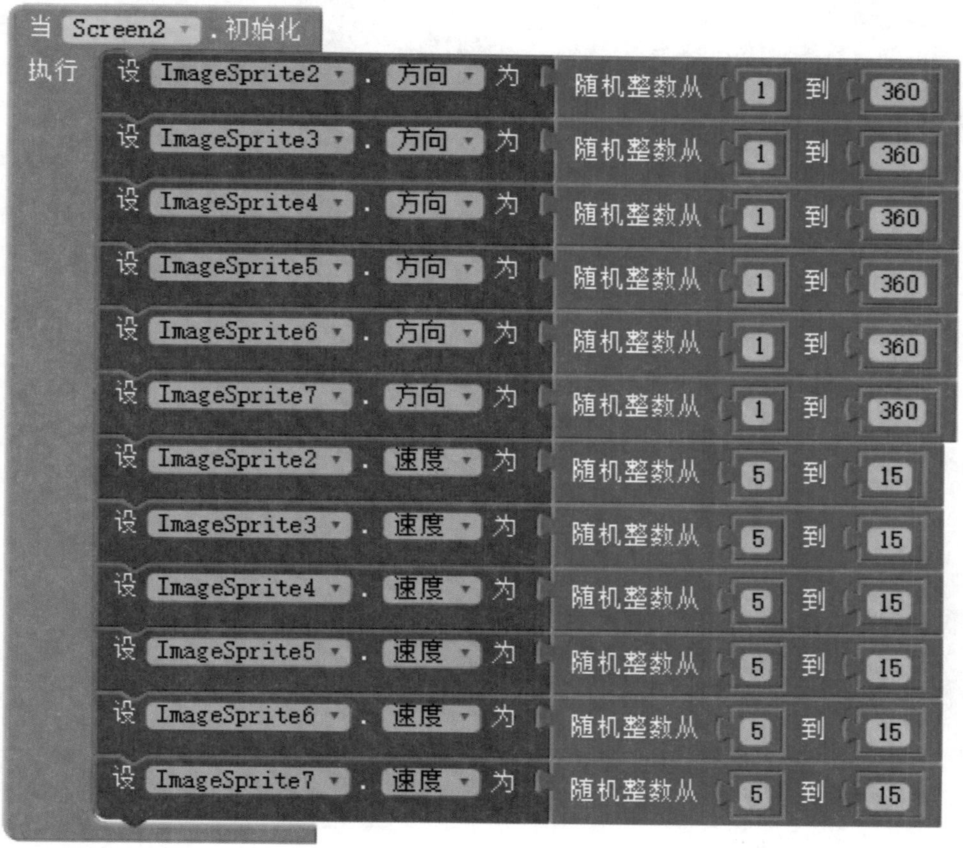

图12.3-4　设置图片精灵初始移动方向和速度

如图12.3-5所示，设置"ImageSprite1.被碰撞"事件。当小球碰到其中一个"敌人"时，游戏结束。同时将游戏状态参数"state"设置为1，代表游戏已经结束。然后打开第三个屏幕，并将"score"参数作为开始参数传送到第三个屏幕。

图12.3-5 "ImageSprite1.被碰撞"事件

如图12.3-6所示，设置计时器2事件。本游戏以时间为分数，坚持一秒加一分，将"Clock2"的时间间隔（TimeInterval）设置为1000（此设置在界面设置中进行），即一秒运行一次。当sate=0的时候即游戏进行中，每运行"Timer"一次就将参数"score"加1并更新显示。

图12.3-6 计时器2事件

"敌人"（图片精灵2-7）碰到边缘会反弹，反弹的角度随机获取。边缘事件设置如图12.3-7所示。

图12.3-7　ImageSprite2~7到达边缘事件

3. 第三个屏幕

如图12.3-8所示，设置第三个屏幕按钮点击事件。第三个屏幕显示玩家的分数和显示重新开始游戏的按钮。当屏幕初始化时，显示玩家的分数。"获取初始值"代码块的值是从第二个屏幕传过来的玩家分数的值。

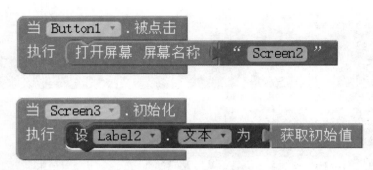

图12.3-8　第三个屏幕按钮点击事件

至此，完成整个游戏的开发，生成apk安装文件到手机即可运行该游戏。

12.4　游戏界面

游戏安装完成，打开游戏，进入游戏主界面，"Start"按钮开始游戏，"Quit"按钮关闭游戏，游戏主界面如图12.4-1所示。

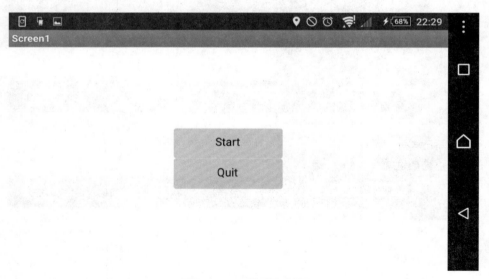

图12.4-1　游戏主界面

通过"Start"按钮后将会进入游戏运行的界面。玩家通过躲避"敌人"获得分数，如果碰到"敌人"游戏将会结束，游戏运行界面如图12.4-2所示。

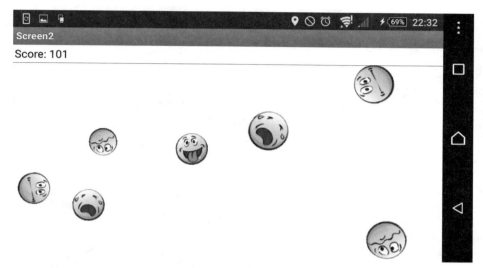

图12.4-2　游戏运行界面

　　玩家碰到"敌人"的时候将会进入游戏结束画面，同时画面上显示玩家获得的分数，游戏结束画面如图12.4-3所示。

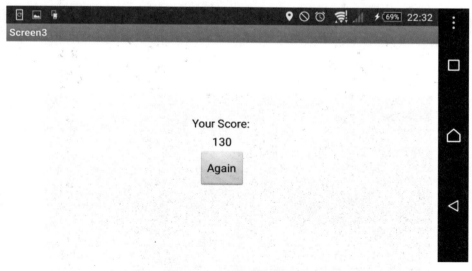

图12.4-3　游戏结束画面

第13章
飞机大战

13.1 设计思想

　　玩家控制一架飞机，躲避从四面八方飞来的"敌人"飞机。同时，玩家也能击落"敌人"飞机，每击落一架获得相应的分数。"敌人"飞机分两种，其中一种飞机只按照固定路线，另一种飞机可跟踪玩家。本游戏需要一张背景图（如图13.1-1所示），三种飞机图片——一架玩家飞机（如图13.1-2所示）、四架"敌人"普通飞机（如图13.1-3所示）、四架"敌人"boss飞机（如图13.1-4所示）。

图13.1-1　游戏背景图

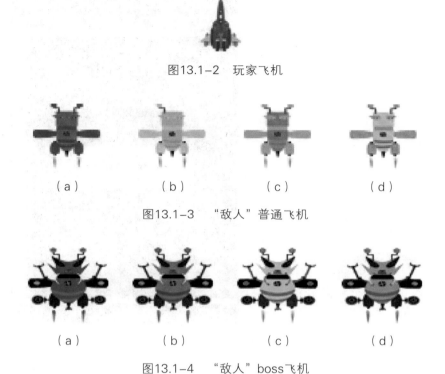

图13.1-2　玩家飞机

（a）　　　　　　（b）　　　　　　（c）　　　　　　（d）

图13.1-3　"敌人"普通飞机

（a）　　　　　　（b）　　　　　　（c）　　　　　　（d）

图13.1-4　"敌人"boss飞机

13.2 界面设计

　　界面设计中需要新建两个屏幕（Screen），加上默认屏幕，共有三个屏幕。其中第一个屏幕是欢迎界面。打开应用首先显示的是欢迎界面，其中有分别用来开始和退出游戏的两个按钮。第二个屏幕是游戏操作界面，游戏过程都将会在第二个屏幕里进行。第三个屏幕是游戏结束后出现的，上面会显示玩家获得的分数，以及一个用来重新开始游戏的按钮。

1. 第一个屏幕

　　如图13.2-1所示，设置第一个屏幕的组件和界面。添加两个垂直居中排列的按钮，一个用来开始游戏，另一个用来退出游戏。添加背景图片到屏幕1中。

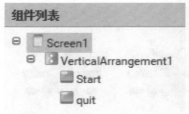

图13.2-1　组件列表和界面

2. 第二个屏幕

第二个屏幕的界面设置如图13.2-2所示。首先把背景图片选择为游戏用的图片，在左上角和右上角各添加一个标签（Label），第一个用来显示玩家的分数，第二个用来显示玩家剩余的生命值。然后添加一个画布（Canvas）进来，并将它的宽（Width）和高（Height）都设置为满屏（Fill parent）。添加5个图片精灵（ImageSprite）进画布，其中一个是玩家控制，其余四个是"敌人"。调整每个图片精灵的大小及它们的位置。将两个"敌人"普通飞机的移动方向（Heading）设置为270，速度（Speed）设置为3，间隔（Interval）设置为10。然后需要添加一个球（Ball）作为飞机发射的子弹添加到画布中。在布置飞船的时候需要记下初始的坐标，记下来的坐标将会作为子弹的坐标的初始值的参考。最后添加一个用来更新子弹坐标的计时器（bomb Timer）和一个用来存放玩家分数的数据库（TinyDB）。

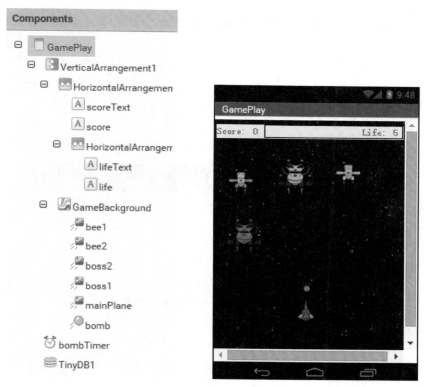

图13.2-2　组件列表和界面

3．第三个屏幕

如图13.2-3所示，在第三个屏幕中添加三个标签、一个按钮和一个数据库，标签用来显示玩家的分数，按钮用来重新开始游戏。

图13.2-3　组件列表

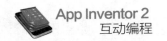

13.3 逻辑设计

1. 第一个屏幕

如图13.3-1所示，配置按钮的点击事件。将第一个按钮的点击事件设为打开第二个屏幕，第二个按钮的点击事件设为关闭本应用。

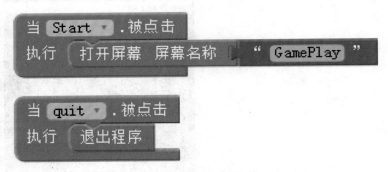

图13.3-1　第一个屏幕按钮点击事件

2. 第二个屏幕

如图13.3-2所示，配置全局变量Score、life、planeX/Y和bombX/Y，分别用于保存玩家分数、玩家生命值、玩家飞船的坐标和飞船子弹的坐标。

图13.3-2　初始化全局变量

如图13.3-3所示，设置主飞船被拖动事件。玩家通过在屏幕上拖动飞船来实现飞船的移动。当主飞船被拖动时，将执行代码块 "mainPlane.被拖动"，

"X坐标"和"Y坐标"可以获取当前手指在屏幕的值，将它们赋值到飞船对应的坐标上，即能实现手指拖动飞船。

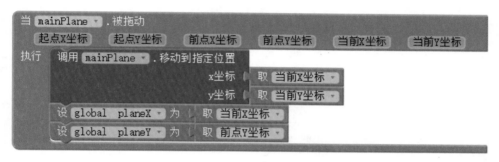

图13.3-3　主飞船被拖动事件

如图13.3-4所示，设置主飞船被碰撞事件。当主飞船碰撞到"敌机"时，生命值将会减一并回到初始位置。

图13.3-4　主飞船被碰撞事件

如图13.3-5所示，设置子弹的属性。将其半径设置为5，颜色（Paint-Color）设置为红色，方向（Heading）设置为90，代表子弹向上射出。时间间隔（Interval）设置为1，速度（Speed）设置为25，这样就能达到一颗子弹移动平滑的效果。最后调整子弹的位置，令它的位置与飞船的位置相匹配。

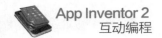

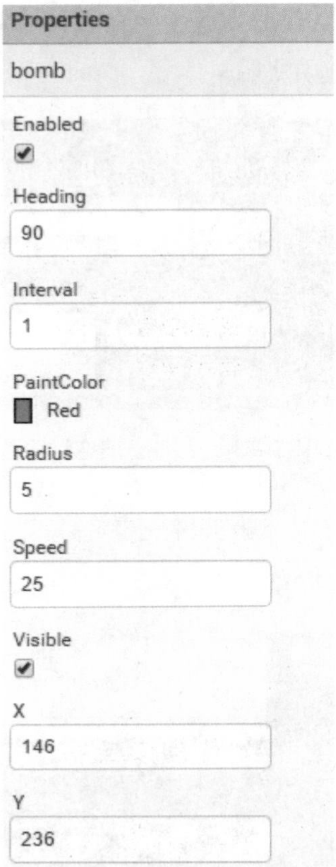

Properties

bomb

Enabled
☑

Heading
90

Interval
1

PaintColor
■ Red

Radius
5

Speed
25

Visible
☑

X
146

Y
236

图13.3-5　设置子弹属性

如图13.3-6所示，设置子弹碰撞事件。当子弹碰撞到"敌机"时将会回到原来的位置，即飞船前面。

图13.3-6　子弹碰撞事件

图13.3-7所示，设置计时器事件。游戏中需要一个计时器用来更新显示的信息。每运行一次计时器中的代码，将会更新玩家的分数和生命值并将分数存到数据库里。同时，将追踪的飞机更新为追踪的目标，"调用 boss1.转向指定对象"代码块能够让"敌机"去追踪"target"里的内容。此外，计时器还会监测游戏的状态，当玩家的生命值小于或等于0的时候，将会关闭当前屏幕，游戏结束，打开另一个屏幕。

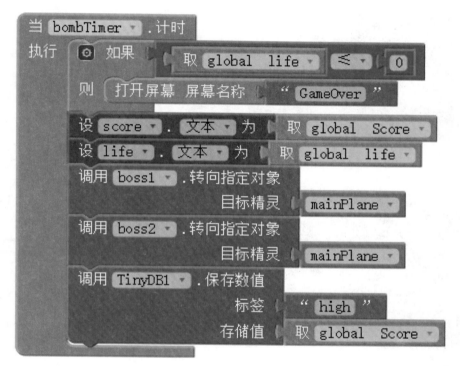

图13.3-7　计时器事件

如图13.3-8所示，设置"敌机"到达边界事件。当两架不会追踪的"敌人"普通飞机碰到屏幕边缘的时候，将回到屏幕最顶端重新开始。在本游戏，令它的X坐标每次都随机生成。

如图13.3-9所示，设置"敌人"boss飞机碰撞事件。当普通飞机碰到子弹时，它将重新出现并加5分。

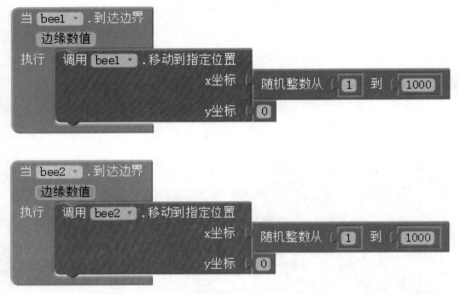

图13.3-8 "敌人"到达边界事件

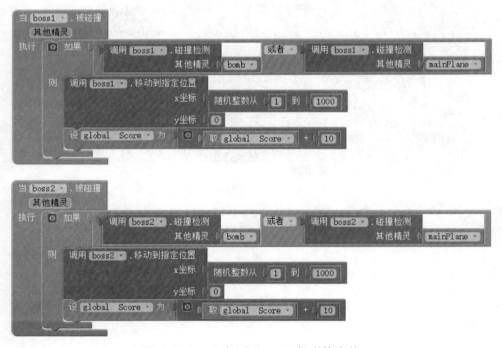

图13.3-9 "敌人"boss飞机碰撞事件

当两架boss"敌机"碰撞到主飞船或者子弹的时候也会回到原来的位置，由于boss"敌机"移动的位置有可能会和其他战机重合，所以这里要用"调用boss2.碰撞检测"代码块，这个代码块的功能是当boss2与指定的对象碰撞后执行后面内容。当boss"敌机"重置一次时也将玩家的分数加10。

3. 第三个屏幕

如图13.3-10所示，设置第三个屏幕按钮点击事件。设置"tryAgain"按钮的点击事件，点击时将打开第二个屏幕重新开始游戏。屏幕初始化时，显示玩家的分数，玩家的分数从数据库里读取。

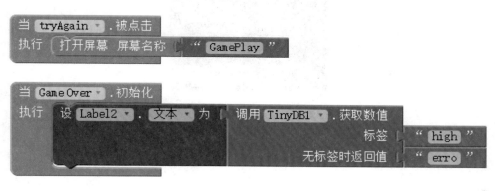

图13.3-10　第三个屏幕按钮点击事件

至此，完成整个游戏的开发，生成apk安装文件到手机即可运行该游戏。

13.4 游戏界面

游戏安装完成，打开游戏，进入游戏主界面，"Start Game"按钮开始游戏，"Quit"按钮关闭游戏，游戏主界面如图13.4-1所示。

图13.4-1　游戏主界面

通过"Start Game"按钮后将会进入游戏运行的界面。玩家通过射击"敌人"飞机获得分数，如果"敌人"碰到玩家5次游戏将会结束，游戏运行界面如图13.4-2所示。

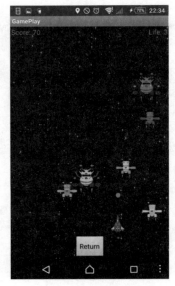

图13.4-2　游戏运行界面

　　玩家耗尽生命值的时候将会进入游戏结束画面，同时画面上显示玩家获得的分数，游戏结束画面如图13.4-3所示。

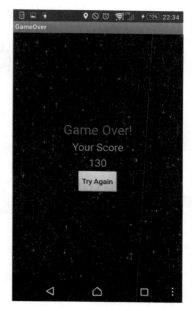

图13.4-3　游戏结束画面

第14章
水果保龄球

14.1 设计思想

　　玩家控制一个绿色苹果，屏幕上面有四个水果，屏幕下方会显示一个进度条，从左往右移动。玩家看准进度条的时机按下水果后，水果将会滚向屏幕上方的水果，进度条的值代表水果移动的角度。上方四个水果中，有三个可以让玩家得分，如果玩家不幸击中另一个水果，游戏就会结束。本游戏需要用到5张水果图片，一张代表玩家（如图14.1-1所示）、三张代表可以获得分数的水果（如图14.1-2所示）、一张代表"敌人"（如图14.1-3所示）。当玩家触碰到"敌人"，游戏将会结束。

图14.1-1　玩家

（a）

（b）

（c）

图14.1-2　可以获得分数的水果

图14.1-3　"敌人"

14.2 界面设计

界面设计中需要新建两个屏幕（Screen），加上默认屏幕，共有三个屏幕。其中第一个屏幕是欢迎界面。打开应用首先显示的是欢迎界面，其中有分别用来开始和退出游戏两个按钮。第二个屏幕是游戏操作界面，游戏过程都将会在第二个屏幕里进行。第三个屏幕是游戏结束后出现的，上面会显示玩家获得的分数，以及一个用来重新开始游戏的按钮。

1．第一个屏幕

如图14.2-1所示，添加两个垂直居中排列的按钮，一个用来开始游戏，另一个用来退出游戏，添加背景图片到屏幕1里。

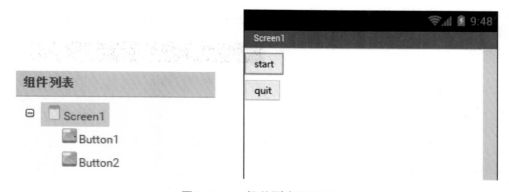

图14.2-1　组件列表和界面

2．第二个屏幕

第二个屏幕的界面设置如图14.2-2所示。首先在屏幕左上角添加一个标签（Label），用来显示玩家的分数。然后添加一个画布（Canvas）进来，并将它的宽（Width）和高（Height）都设置为满屏（Fill parent）。添加5个图片精灵（ImageSprite）进画布，其中一个是玩家控制，其余四个是待击中的水果。将每个图片精灵都显示为水果图片。调整每个图片精灵的大小及它们的位置。添

加一个滑块和两个计时器。滑块充当进度条，将滑块的"ThumbEnable"属性不选，这样就能禁止玩家对进度条的操作。

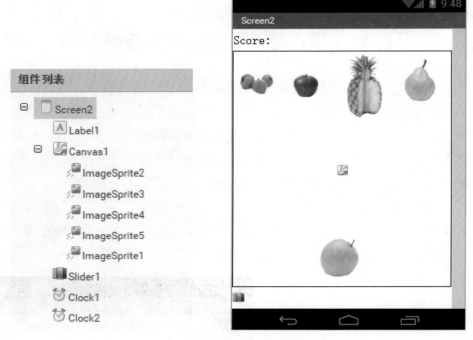

图14.2-2 第二个屏幕组件列表和界面

3. 第三个屏幕

如图14.2-3所示，在第三个屏幕中添加两个标签和一个按钮，标签用于显示玩家的分数，按钮用于重新开始游戏。

图14.2-3 第三个屏幕组件列表

14.3 逻辑设计

1. 第一个屏幕

如图14.3-1所示,配置按钮的点击事件。将第一个按钮的点击事件设为打开第二个屏幕,第二个按钮的点击事件设为关闭本应用。

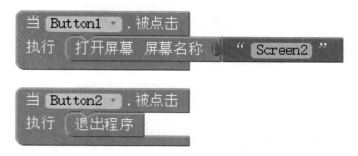

图14.3-1　第一个屏幕按钮点击事件

2. 第二个屏幕

如图14.3-2所示,配置全局变量"state"和"score",分别用于保存游戏分数和记录游戏状态。

图14.3-2　全局变量"state"和"score"配置

每一个水果都需要一个坐标值,一共需要四对坐标值。当玩家每击中一次水果得分的时候,每个水果的位置都会重新排列。四对坐标配置如图14.3-3所示。

图14.3-3 坐标变量配置

如图14.3-4所示，配置全局变量"order"和"direction"，分别用于控制水果的摆放顺序和控制水果飞出的角度值。

图14.3-4 全局变量"order"和"direction"配置

如图14.3-5所示的配置坐标关联。当屏幕初始化时，将每个图片精灵的坐标值赋值给图14.3-3配置的四对坐标值。

图14.3-5　坐标关联配置

　　游戏里需要一个用来更新游戏分数和进度条的计时器。将计时器的时间间隔设置为10。进度条的最小值设置为60、最大值设置为120，代表着玩家控制的水果飞出的角度范围，在进度条更新的时候需要检测进度条的实质是否越界，当越界的时候将当前值（ThumbPosition）设置为初始值。计时器的配置如图14.3-6所示。

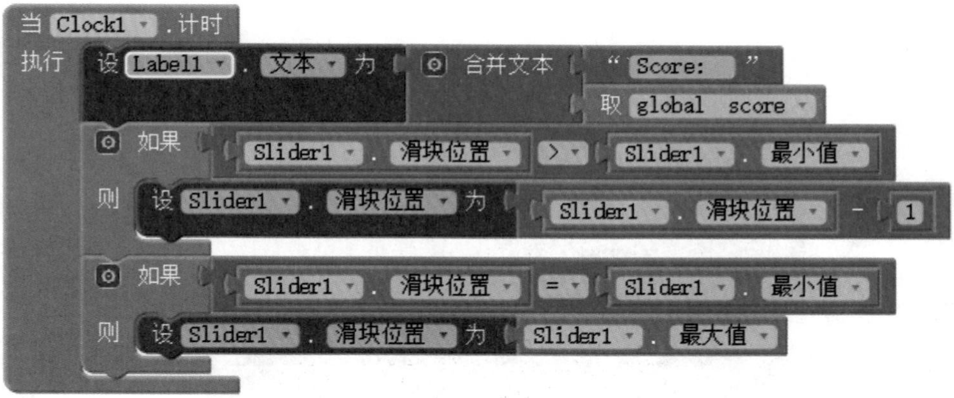

图14.3-6　计时器事件

　　如图14.3-7 所示，配置"ImageSprite1.被按压"事件。当玩家在适当的时机按下水果后，水果将会飞出去，飞出的角度由进度条的当前值决定。同时，将它的速度设置为50。

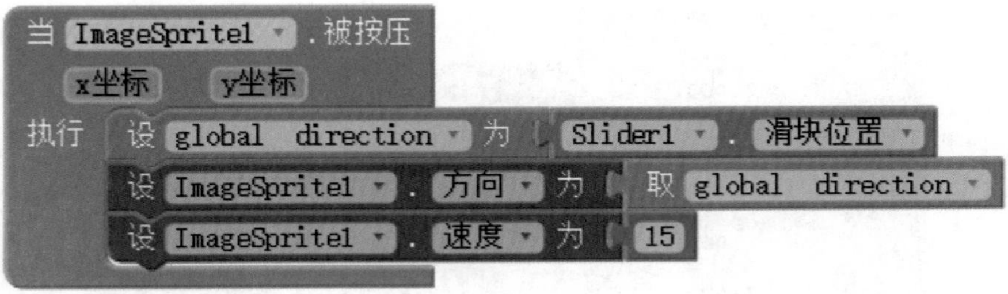

图14.3-7　"ImageSprite1.被按压"事件

如图14.3-8所示，配置"ImageSprite1.到达边界"事件。当玩家控制的水果碰到屏幕边缘，将会回到初始位置。

图14.3-8　"ImageSprite1.到达边界"事件

如图14.3-9所示，配置"ImageSprite1.碰撞"事件。当玩家控制的水果击中水果，也会回到初始位置。

图14.3-9　"ImageSprite1.碰撞"事件

如图14.3-10所示，配置随机获取坐标1-6（图为坐标1的设置，其余坐标与1设置相同）。当水果被击中，上方的水果将会重新排列，排列的位置随机设定。首先预设几种位置，这里采用过程代码块预设了六种排列顺序，读者也可以根据自身情况适当增减。

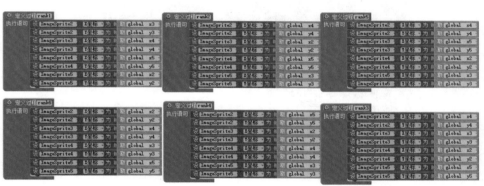

图14.3-10　配置随机获取坐标1-6

如图14.3-11所示，配置随机重新排列，预设几种排列方式，运用随机数来决定下一次的排列顺序。

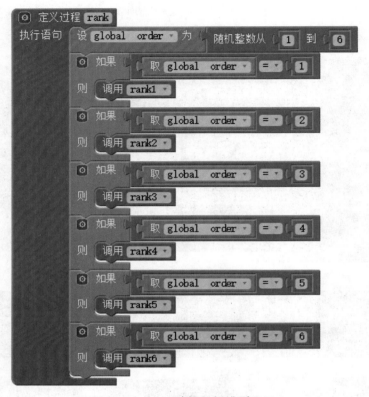

图11.4.3-11　随机重新排列配置

如图14.3-12所示，配置"ImageSprite2-ImageSprite5.碰撞"事件。当普通水果被击中后获得相应的分数并调用重新排序过程。其中有一个水果被击中，游戏结束（本游戏中是菠萝）。当玩家击中菠萝，游戏结束并将分数作为开始参数传送到第三个屏幕。

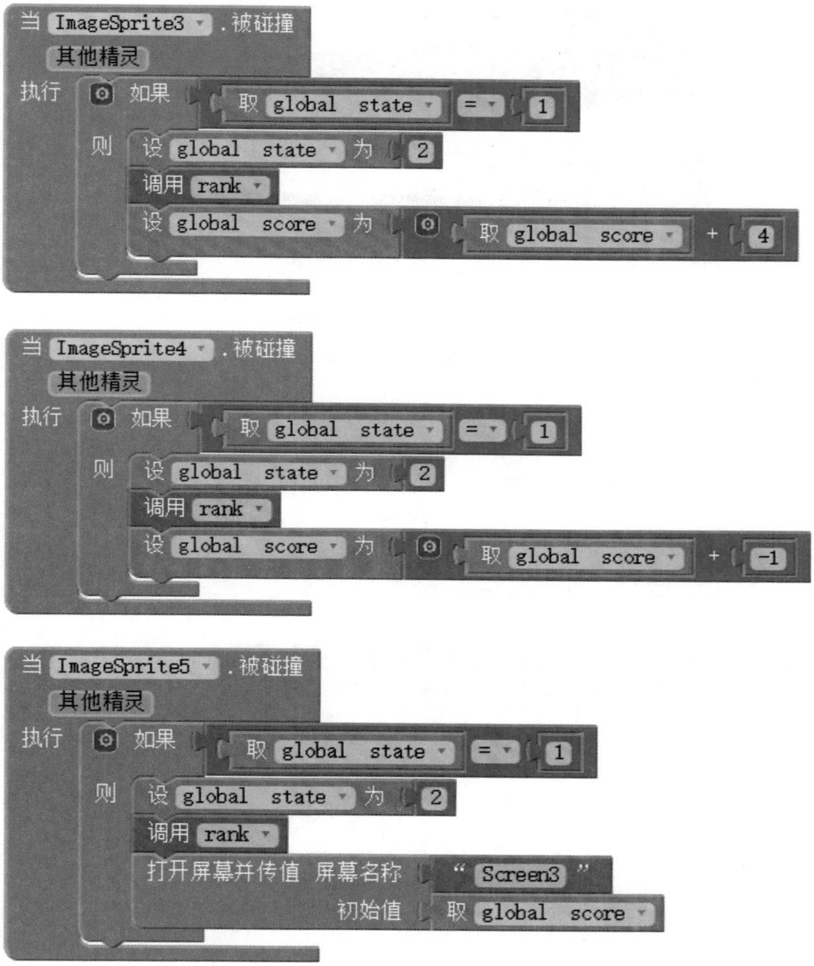

图14.3-12　配置"ImageSprite2-ImageSprite5.被碰撞"事件

3. 第三个屏幕

如图14.3-13所示，设置第三个屏幕按钮点击事件。第三个屏幕显示玩家的分数和显示一个重新开始游戏的按钮。当屏幕初始化的时候，显示玩家的分数。"获取初始值"代码块的值是从第二个屏幕传过来的玩家分数的值。

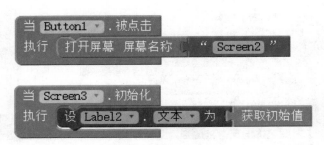

图14.3-13　第三个屏幕按钮被点击事件

至此，完成整个游戏的开发，生成apk安装文件到手机即可运行该游戏。

14.4 游戏界面

游戏安装完成，打开游戏，进入游戏主界面，"Start"按钮开始游戏，"Quit"按钮关闭游戏，游戏主界面如图14.4-1所示。

图14.4-1　游戏主界面

通过"Start"按钮后将会进入游戏运行的界面。玩家碰撞水果获得分数，如果打到红苹果游戏将会结束，游戏运行界面如图14.4-2所示。

图14.4-2 游戏运行界面

玩家碰到红苹果的时候将会进入游戏结束画面，同时画面上显示玩家获得的分数，游戏结束画面如图14.4-3所示。

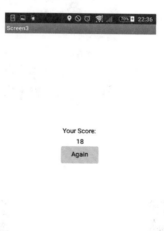

图14.4-3 游戏结束画面

第15章
抢零食大作战

15.1 设计思想

玩家控制一架购物车在屏幕下方通过碰触"左""右"按钮后控制人物的横向移动。薯片、巧克力、零食大礼包及炸弹从屏幕上方向下移动，周期运动。购物车接触零食时发出音效并且分数增加。购物车与炸弹相撞后，计算得分，游戏结束。本游戏需要一张背景图（如图所示15.1-1）、两个

图15.1-1　背景图片

箭头的按钮图片（如图所示15.1-2）、购物车图片（如图所示15.1-3）、零食图片（如图所示15.1-4）和炸弹图片（如图所示15.1-5）。

（a） 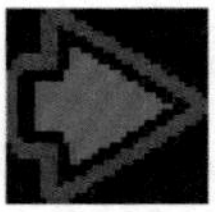　　　　　　　　　　　（b）

图15.1-2　方向按键图片

图15.1-3 购物车图片

（a） （b） （c）

图15.1-4 零食图片

图15.1-5 炸弹图片

15.2 界面设计

新建game项目，通过"素材"面板上传图片和声音素材（如图15.2-1所示），分别记录像素、宽、高。

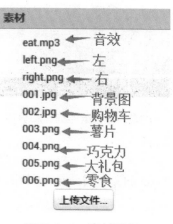

图15.2-1 素材面板

1. 第一个屏幕

如图15.2-2所示，将"Screen1"的屏幕方向设置为水平方向，从属性界面里设置屏幕方向（ScreenOrientation）里选择锁定横屏（Landscape）。之后选择背景图片。

图15.2-2　设置屏幕方向

如图15.2-3所示，"Screen1"屏幕为游戏主界面，放置一个画布、七个图像精灵、七个计时器、一个音效播放器。

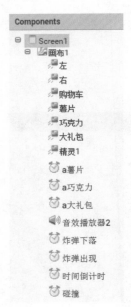

图15.2-3　组件列表和界面

2. 第二个屏幕

如图15.2-4所示，"Screen4"屏幕为游戏结束界面，放置三个标签、一个垂直布局和一个按钮。

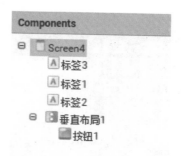

图15.2-4　组件列表和界面

15.3 逻辑设计

1. 第一个屏幕

如图15.3-1所示，定义全局变量"得分"，初始值为0，用来记录得分；定义全局变量"时间"，初始值为120，用于游戏时间倒计时。

图15.3-1　定义全局变量

如图15.3-2所示，配置"Screen1.初始化"模块。游戏开始时完成以下几个功能：第1~4行记分清零，游戏时间为120秒；第5~7行设置"得分"以及"剩余时间"的显示位置和取值；第8行启用"时间倒计时"计时器进行计时。

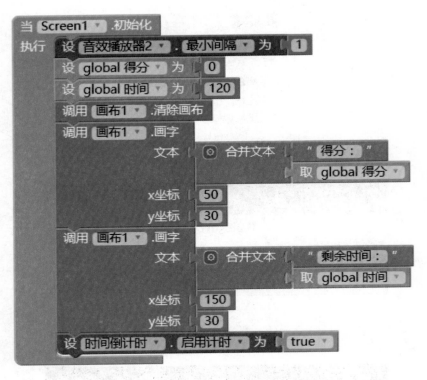

图15.3-2 "Screen1.初始化"模块

如图15.3-3所示，配置左右键控制模块。玩家触碰左右键时，玩家控制的角色向左或向右移动。

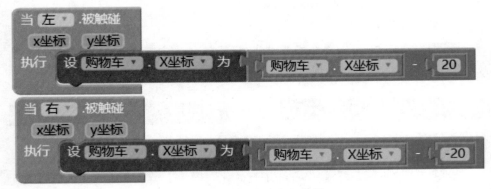

图15.3-3 左右键控制模块

如图15.3-4所示，配置时间倒计时模块。当游戏时间小于或等于0时，"时间倒计时"计时器不启用计时，打开Screen4屏幕并将玩家得分传输到Screen4屏幕中。若是游戏时间大于0，则游戏时间每秒减1，并设置"得分"以及"剩余时间"显示在Screen1相应位置和取值。

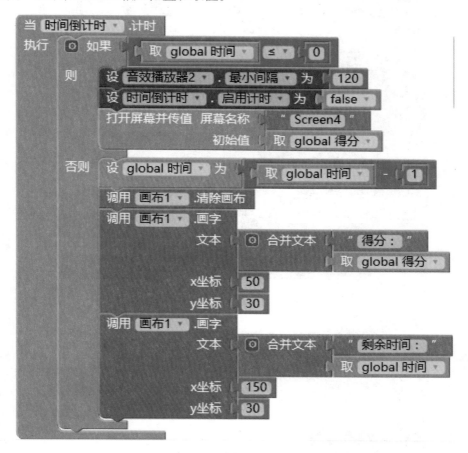

图15.3-4 时间倒计时模块

如图15.3-5所示，配置薯片控制模块参数。当薯片与购物车碰撞时，播放"音效播放器2"，并且全局变量"得分"增加一定数量，并将"得分"的最终取值以及"剩余时间"显示在Screen1相应的位置。同时，控制薯片移动到随机的位置继续掉落。当"a薯片"计时器开始计时，薯片开始以相应速度掉落下来，若薯片到达边界，薯片会从上方重新出现并开始掉落。

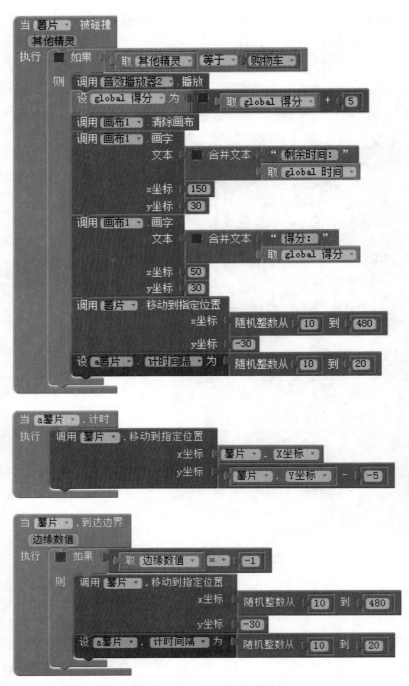

图15.3-5 薯片控制模块

　　配置过程中，薯片、巧克力、大礼包的控制模块相似，在此仅以薯片控制模块为例。巧克力和大礼包的控制模块只需修改增加得分、图像精灵名称和计时器的相应名称即可。

　　如图15.3-6所示，配置炸弹控制模块。当"精灵1"与购物车碰撞，"炸弹下落"计时器不启用计时。"碰撞计时器"启用计时，打开Screen4屏幕并将玩家得分传输到Screen4屏幕中。若没有发生碰撞则"得分"，并将"剩余时间"显示在Screen1中相应位置。当"炸弹出现"计时器开始计时，"精灵1"显示的图片为"006.png"并启用"炸弹下落"计时器计时。当"炸弹下落"计时器开始计时，炸弹以相应速度开始掉落下来，若炸弹到达边界，炸弹会在一定时间间隔后从上方重新出现并开始掉落。

　　如图15.3-7所示，配置结束控制模块。定义过程"结束"为打开Screen4屏幕并将全局定义"得分"进行取值再传输到Screen4屏幕中。"结束"过程在"碰撞"计时器开始计时时执行。

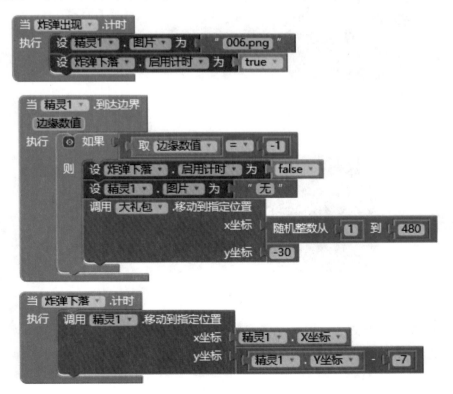

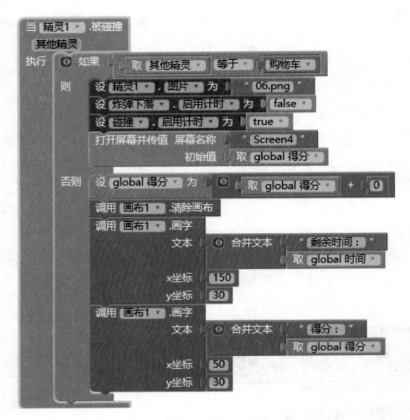

图15.3-6　炸弹控制模块

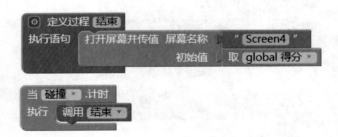

图15.3-7　结束控制模块

2．第二个屏幕

如图15.3-8所示，配置Screen4的初始化模块。模块设置玩家游戏得分的评价。

图15.3-8 Screen4的初始化模块

如图15.3-9所示，配置Screen4的重新开始按钮模块。当"按钮1"被点击时，打开Screen1屏幕，重新进行游戏。

图15.3-9 Screen4的重新开始按钮模块

至此，就完成了整个游戏的设计。将游戏生成apk安装文件到手机即可运行该游戏。

15.4 游戏界面

游戏安装完成，打开游戏，进入游戏主界面，玩家通过接收零食来获得分数，当碰到炸弹的时候将会结束游戏，游戏主界面如图15.4-1所示。

图15.4-1　游戏运行界面

当玩家碰到炸弹的时候打开游戏结束界面并显示玩家分数，游戏结束画面如图15.4-2所示。

图15.4-2　游戏结束界面

第四篇

App Inventor 2 与 Arduino 互动篇

通过前面三个篇章的理论学习，以及控件、游戏实例的演示实践，想必读者对AI2的功能、应用有了一定的了解。诚然，学到这里，运用AI2开发简单易用的App应该不在话下，但是强大的AI2的学习绝不止于此。接下来的章节，借助实例的开发演示，将AI2与开源电子原型平台——Arduino联动，展示两者强强联合，如何突破智能终端限制，实现智能终端（如手机）与智能人工（如机器人）的完美远程操控。

本篇介绍了语音控制小动物、手机控制足球机器人、超声波避险小车、手机控制机械手等操控案例，由易到难，读者将逐步深入掌握AI2与Arduino联合开发的技能。

第16章
语音控制的小动物

随着人类科技的进步，玩具业开始进化，与手机互动的玩具逐渐开始流行起来，智能手机不仅仅是手机，还是玩具遥控器。本章节中，使用一套从网络上购买的玩具套件，通过改装并加上一些电路模块来完成一个语音控制的小动物玩具。在软件方面，将在AI2上编程上位机控制软件，这也是读者需要了解和学习的技能。然后，需要完成一个可以通过手机语音遥控的小动物完成前进后退和拐弯等动作。这些玩具不是普通的玩具，借助手机能带来不同的体验。

16.1 物料清单

在制作之前，请读者根据开发的需要，准备好Arduino开发板、蓝牙模块和电机驱动模块等物料，物料清单如表16.1-1所示。

表16.1-1　物料清单

物料	数目
Arduino Mini328p开发板	1
HC-05蓝牙模块	1
杜邦线	若干
L9110S电机驱动模块	1
五号电池	4

续上表

物料	数目
动物玩具模型	1
电池盒	1

16.2 模块介绍

1. HC-05蓝牙模块

开发中使用到的蓝牙模块名为"HC-05"，如图16-1.1所示。HC-05是主从一体的蓝牙串口模块，在使用中，当蓝牙设备与蓝牙设备配对连接成功后，可以忽略蓝牙内部的通信协议，直接将蓝牙当作串口用。建立连接后，两设备共同使用一个通道也就是同一个串口，一个设备发送数据到通道中，另外一个设备便可以接收通道中的数据。当然，对于建立这种通道连接有一定条件，那就是对蓝牙设置好能进行配对连接的AT模式。在制作本玩具的过程中，使用模块的透传功能，无须设置AT指令，如果大家想设置密码或者校验等功能可以自行研究。一般的蓝牙串口模块引脚包括：

图16.2-1　HC-05蓝牙模块

- ·RXD：接收端；
- ·TXD：发送端；
- ·VCC：模块供电正极（5V）；
- ·GND：模块供电负极；
- ·AT：设置工作模式（①工作模式 ②AT指令设置模式）。

2. Arduino Mini板

Arduino Mini板是Arduino最简洁的微型版本，如图16.2-2所示。Arduino Mini板可以插在面包板上使用，适用于对尺寸要求严苛的场合。Arduino Mini

的处理器核心是 ATmega328，同时具有 14 路数字输入/输出口（其中 6 路可作为 PWM 输出），8 路模拟输入。Arduino Mini 版必须外接 USB 转串口模块才能够下载程序。开发中，使用一块 Arduino Mini 板作为主控板。

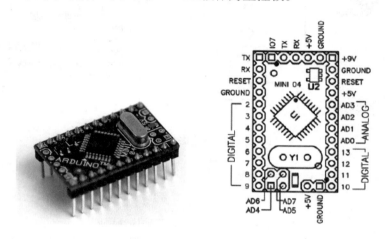

图16.2-2　　Arduino Mini板

3. L9110S电机驱动模块

本章使用到的电机驱动模块为 L9110S 驱动模块，如图 16.2-3 所示。它搭载了两片 L9110S 驱动芯片，可以双通道驱动两个电机运动。模块供电电压为 5—12V；最大工作电流达到 0.8A，目前市面上的智能小车电压和电流大都在此范围内。可以同时驱动 2 个直流电机，或者 1 个四线二相式步进电机。PCB 板的尺寸较小，超适合组装小型的玩具或者小车。

图16.2-3　　L9110S电机驱动模块

L9110S驱动模块的接线原理图如16.2-4所示。

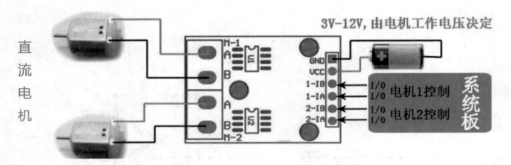

图16.2-4　接线原理图

模块接口说明如表16.2-1所示。

表16.2-1　L9110S电机驱动模块引脚

序号	引脚名称	说明
1	VCC	外接2.5V—12V电压正极
2	GND	外接GND负极
3	1-IB	外接单片机IO口，控制M1电机的转向
4	1-IA	外接单片机IO口，控制M1电机的转向
5	2-IB	外接单片机IO口，控制M2电机的转向
6	2-IA	外接单片机IO口，控制M2电机的转向
7	M-1 A/B	接直流电机2个引脚
8	M-2 A/B	接直流电机2个引脚

16.3 组装说明

1. 机械组装

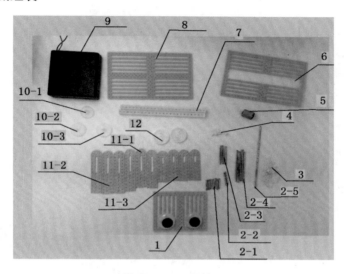

图16.3-1　零件图

表16.3-1　动物模型零件清单

序号	零件	数量
1	前板	1
2	五种不同长度的钢条	若干
3	限位胶圈	若干
4	固定架	4
5	电机	2
6	底板	1
7	固定梁	2
8	背板	1
9	电池盒	1
10	三种型号的齿轮	各1个
12	三种不同长度的连杆	11-1和11-3各4条，11-2两条
13	转盘	2

如图16.3-2所示，将钢条（2-5）插入齿轮（10-2）的孔中，使齿轮置于钢条中间。

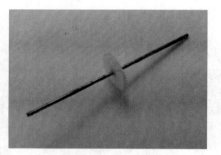

图16.3-2　装配齿轮

如图16.3-3所示，将限位胶圈（3）固定在齿轮有突起的一侧，再将钢条插入位于固定梁（7）中间的孔处。

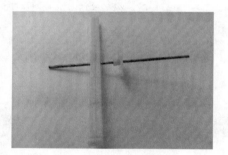

图16.3-3　装配梁柱

如图16.3-4所示，将钢条（2-2）插入齿轮（10-3）的孔中，再固定限位胶圈。

图16.3-4　固定胶圈

如图16.3-5所示，将齿轮（10-3）通过钢条固定在固定梁上，选择合适的孔，使齿轮（10-2）与齿轮（10-3）配合。

图16.3-5　组合齿轮

如图16.3-6所示，插入齿轮（10-1）使其与齿轮（10-3）配合。

图16.3-6　组合齿轮

如图16.3-7所示，将另一根固定梁与上述装配好的零件固定好，使钢条（2-5）可自由转动。

图16.3-7　组装钢条

如图16.3-8所示，将电机（5）用捆扎带固定在固定梁上，使电机上的齿轮与齿轮（10-1）配合。

图16.3-8　装配电机

如图16.3-9所示，将上述装配好的零件用轮匝带固定在底板（6）上。

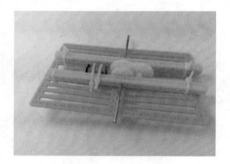

图16.3-9　安装底板

如图16.3-10所示，将两根钢条（2-4）分别插入固定梁两边的孔中，并在钢条上固定限位胶圈备用。

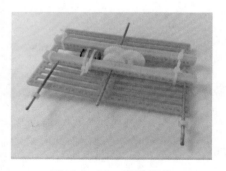

图16.3-10　安装钢条

如图16.3-11所示，将钢条（2-1）插入固定架（4）下方的孔中，再分别固定到图示的位置上。

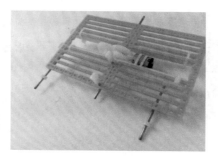

图16.3-11　固定钢条

如图16.3-12所示，将杆（2-4）插入两个固定架上端的孔中，并在末端固定限位胶圈；再将钢条（2-5）插入转盘（12）中间的孔中，再将钢条（2-2）插入转盘两边的任意孔中。

图16.3-12　安装胶圈

如图16.3-13所示，将连杆如图固定在钢条上，其中两边是连杆（11-3），中间是连杆（11-1）。

图16.3-13　安装连杆

如图16.3-14所示，将连杆（11-2）如图固定，并用钢条连接。

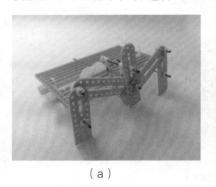
（a）

（b）

图16.3-14　连接钢条

如图16.3-15所示，另一侧同理连接钢条。

图16.3-15　连接钢条

如图16.3-16所示，将前板（1）用捆扎带固定在底板（6）上。

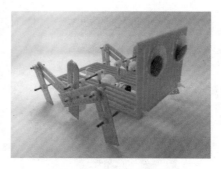

图16.3-16　连接板块

如图16.3-17所示，将钢条（2-4）插入底板四周的孔中，连接面板（8），搭配上电池盒（9），完成机械组装工作。

图16.3-17　安装电池盒

图16.3-16的玩具只有一个电机，只能语音控制实现前进与后退功能，不能实现左转或者右转。有兴趣的读者，可以用两套模型，改造成可以实现左转和右转的玩具，如图16.3-17所示。

2. 电路组装

电路的接线总表如表16.3-2所示。

表16.3-2　接线总表

序号	模块引脚名称	Mini ARDUINO	用于编程和驱动模块
1	蓝牙模块（TX）	RX	接收字符
2	蓝牙模块（RX）	TX	发送字符
3	L9110S 1-IB	D2	外接单片机IO口，控制M1电机的转向
4	L9110S 1-IA	D3	外接单片机IO口，控制M1电机的转向
5	L9110S 2-IB	D4	外接单片机IO口，控制M2电机的转向
6	L9110S 2-IA	D5	外接单片机IO口，控制M2电机的转向

如图16.3-18所示，分别焊接两根杜邦线在两个直流电机上，用于连接电机和驱动模块。

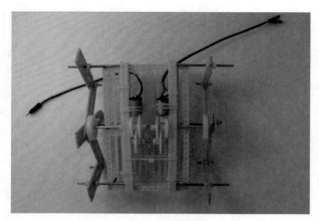

图16.3-18　改造后的玩具焊接导线

如图16.3-19所示，进行蓝牙模块与Arduino Mini的连接。使用杜邦线将蓝牙模块上的TX、RX端连上Arduino Mini板上的RX、TX端（反接），最后连接VCC和GND端。

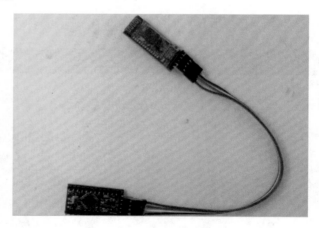

图16.3-19　Arduino Mini与蓝牙模块的连接

如图16.3-20所示，进行L9110S电机驱动模块与Miniduino的连接。使用杜邦线将电机驱动模块上的A1、B1、A2、B2端分别连接Miniduino板上的D2-5端，用以控制两个电机的运动从而实现小动物的各种运动。

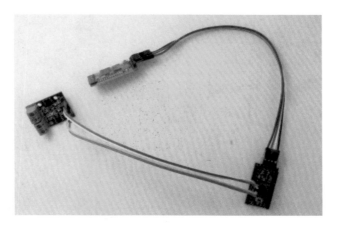

图16.3-20 Miniduino与电机驱动模块的连接

如图16.3-21所示，进行电池盒与Miniduino的连接。本作品使用4个5号电池供电，从电池盒中引出两组正负极杜邦线，其中一组连接Miniduino板上的VCC和GND；另一组连接电机驱动模块上的VCC和GND，最后装入电池。

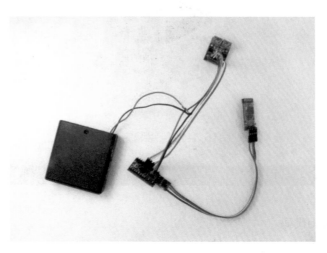

图16.3-21 Miniduino与电池盒连接

如图16.3-22所示，将两个电机上的杜邦线接电机驱动模块，使用热熔胶将各个电路模块固定在组装好的小动物上，完成电路连接工作。组装完成如图16.3-23所示。

图16.3-22　将模块放在小动物上

图16.3-23　组装完成图

16.4 实例代码

1. Arduino代码

首先，定义Arduino板上的4个控制端，in1和in2为一组（分别连接Arduino的D2和D3引脚）控制左边电机的转动方向，in3和in4为一组（分别连接Arduino的D4和D5）控制右边电机转动方向。

接下来当in1和in2中有一个接高电平时（5V电压），另一个接低电平（0V电压），左边电机会向某一方向转动，反之则反方向转动，当同时为高电平或同时为低电平，电机静止不动；同理右边的电机控制方向同上，但由于电机是对称镜像安装，控制引脚的电平刚好与左边电机相反。

通过编写程序定义4个控制端高低电平，可以实现电机的转动与停止，实现小动物的行走或静止。最后，编程通过串口接收来自蓝牙模块的数据，并根据收到的信息来控制小动物完成相应的动作。

```
char getstr;
int in1=2;
int in2=3;
int in3=4;
int in4=5;
```
//上面定义了板上的4个控制端，in1和in2一组，in3和in4一组，分别控制两个电机的转动方向。

void _mRight（int pin1,int pin2,int pin3,int pin4）//当in1和in2中有一个接高位时，电机会向某一方向转动。
```
{
  digitalWrite（pin1,LOW）;
  digitalWrite（pin2,HIGH）;
  digitalWrite（pin3,HIGH）;
  digitalWrite（pin4,LOW）;
}
void _mLeft（int pin1,int pin2,int pin3,int pin4）
{
  digitalWrite（pin1,HIGH）;
  digitalWrite（pin2,LOW）;
  digitalWrite（pin3,LOW）;
  digitalWrite（pin4,HIGH）;
}
void _mStop（int pin1,int pin2,int pin3,int pin4）
{
```

```
  digitalWrite（pin1,LOW）;

  digitalWrite（pin2,LOW）;

  digitalWrite（pin3,LOW）;

  digitalWrite（pin4,LOW）;

}

void _mFaward（int pin1,int pin2,int pin3,int pin4）

{

  digitalWrite（pin1,HIGH）;

  digitalWrite（pin2,LOW）;

  digitalWrite（pin3,HIGH）;

  digitalWrite（pin4,LOW）;

}

void _mBackward（int pin1,int pin2,int pin3,int pin4）

{

  digitalWrite（pin1,LOW）;

  digitalWrite（pin2,HIGH）;

  digitalWrite（pin3,LOW）;

  digitalWrite（pin4,HIGH）;

}

void setup（）

{

  SerAIl.begin（9600）;

  pinMode（in1,OUTPUT）;

  pinMode（in2,OUTPUT）;

  pinMode（in3,OUTPUT）;

  pinMode（in4,OUTPUT）;

  //下面程序开始时控制端为高电平，电机保持不动。

  digitalWrite（in1,LOW）;
```

```
digitalWrite（in2,LOW）;
digitalWrite（in3,LOW）;
digitalWrite（in4,LOW）;
}
void loop（）
{
getstr=SerAII.read（）;  //读取蓝牙发来的数据
 if（getstr=='1'）　//收到字符'1'则前进
 {
  SerAII.println（"go forward!"）;
  _mStop（in1,in2,in3,in4）;
  _mFaward（in1,in2,in3,in4）;
  }
 else if（getstr=='3'）{ //收到字符'3'则后退
  SerAII.println（"go back!"）;
  _mStop（in1,in2,in3,in4）;
  _mBackward（in1,in2,in3,in4）;
 }
 else if（getstr=='2'）{  //收到字符'2'停止
  SerAII.println（"Stop!"）;
  _mStop（in1,in2,in3,in4）;
 }
 else if（getstr=='4'）{ //收到字符'4'左转
  SerAII.println（"go left!"）;
  _mStop（in1,in2,in3,in4）;
  _mLeft（in1,in2,in3,in4）;
 }
 else if（getstr=='5'）{ // 收到字符'5'右转
```

```
SerAIl.println（"go right!"）;
_mStop（in1,in2,in3,in4）;
_mRight（in1,in2,in3,in4）;
  }
}
```

2. App Inventor逻辑板块设计

要使用蓝牙控制玩具，首先需要将手机和蓝牙模块连接起来。通过蓝牙客户端显示搜索到的蓝牙，设置蓝牙信息并将蓝牙模块与手机配对，这样就相当于获得一个无线的串口，可以从手机向蓝牙模块（玩具端）发送一些信息（如控制指令），也可以通过它向手机发送一些信息（如动作完成后的反馈信息）。

本章所涉及的小动物玩具是使用手机上的语音识别功能控制，通过识别出人的语音命令，并转换成相应的字符（"1"代表前进，"2"代表停止，"3"代表后退，"4"代表左转，"5"代表右转。这些字符的定义可以由读者自行修改重新定义）。

通过手机向蓝牙串口发送特定的数字到Arduino Mini板，经过Arduino Mini中程序的识别处理就可以做出相应的动作，如前进、拐弯等。

如图16.4-1所示，配置初始化全局变量，设置屏幕显示信息，打开应用显示"欢迎使用本软件！"。

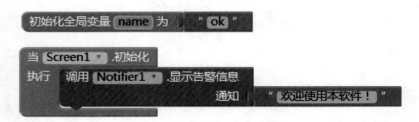

图16.4-1　初始化逻辑模块

如图16.4-2所示，配置蓝牙逻辑模块，设置蓝牙信息，配置蓝牙，包括连接的"地址及名称"。

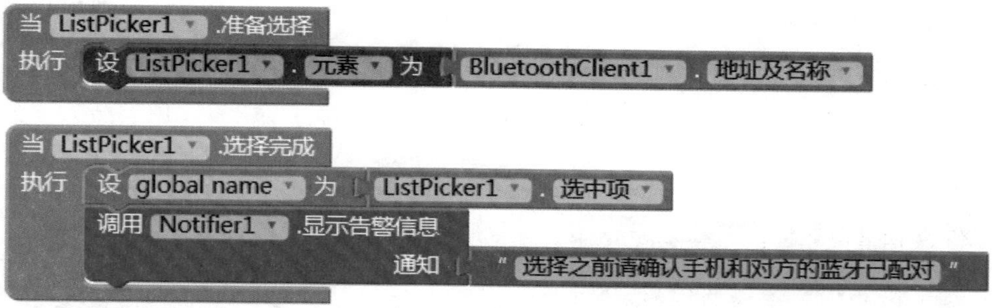

图16.4-2　配置蓝牙逻辑模块

如图16.4-3所示，配置蓝牙连接状态设置逻辑模块，获取蓝牙连接状态，并在手机屏幕显示蓝牙状态。点击设备列表显示已配对的蓝牙设备，选中后再点击连接即可连接，成功连接显示"OK"。

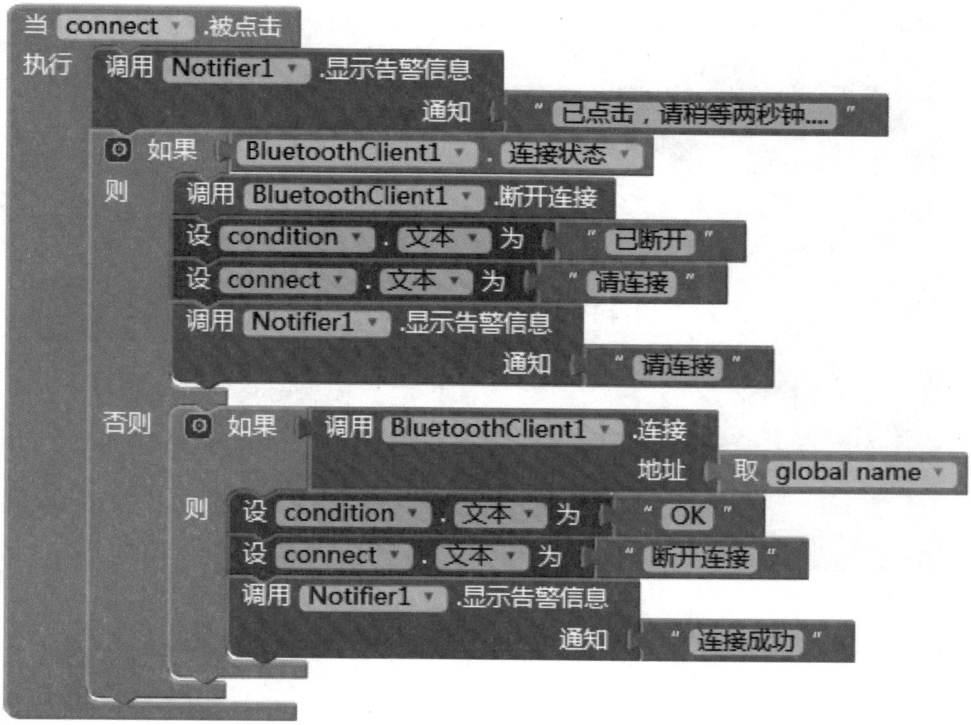

图16.4-3　蓝牙连接状态设置逻辑模块

如图16.4-4所示，配置语音控制逻辑模块。当"语音识别器"识别到前进时发送单字节数字为1，玩具前进；当"语音识别器"识别到停止时手机发送单字节数字为2，玩具停止；当"语音识别器"识别到后退手机发送单字节数字为3，玩具后退。

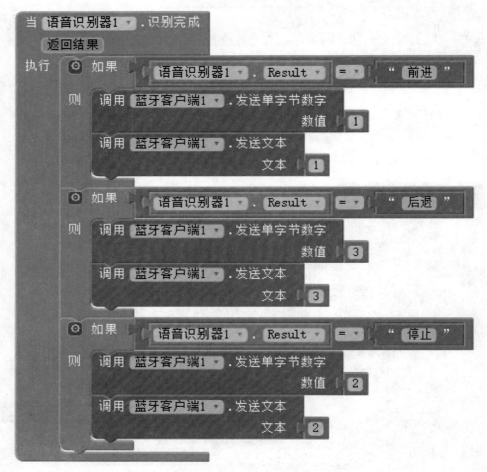

图16.4-4　语音控制逻辑模块

至此，就完成了整个游戏的设计。将游戏生成apk安装文件到手机即可，生成App的手机显示界面如图16.4-5所示。

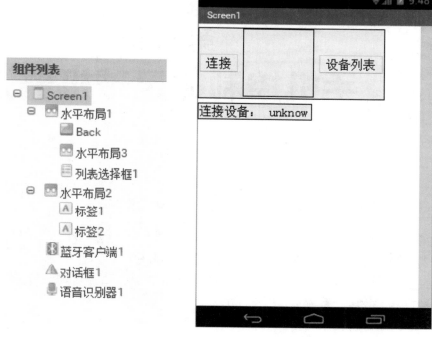

图16.4-5　App手机显示界面

　　通过本章的学习，初步学习将AI2与Arduino进行结合，并学习使用手机App控制机器人。更加直观、有效地应用不同的软件、硬件，并且进一步结合各自的优势，制作出一整套互动型有趣的机器人。

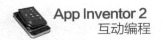

第17章
手机控制的足球机器人

本章将向读者介绍如何制作一个使用手机控制的足球机器人。机器人使用两个电机驱动两边腿部连杆运动，实现机器人的前后左右运动；在机器人前部安装有一个9克舵机，通过一个小铲可以铲起小球。使用者通过手机App上的按键遥控机器人的运动，控制舵机将球铲起实现控球。

17.1 物料清单

物料清单如表17.1-1所示。

表17.1-1 物料清单

物料	数目
Arduino Mini328p开发板	1
HC-05蓝牙模块	1
杜邦线	若干
L9110S电机驱动模块	1
竞彩足球机器人	1
9V铁锂电池	1
减速电机	1
5V稳压模块	1

17.2 模块介绍

HC-05蓝牙模块、Arduino Mini板、L9110S电机驱动模块请参考第16章的模块介绍。

1. 竞彩足球机器人

图17.2-1　竞彩足球机器人

竞彩足球机器人是一种六足机器人，其行走原理与第16章的动物玩具相似，但其前面安装一个9克舵机，与球铲相连，可以实现铲球动作。该机器人带控制电路，用2.4G的专用遥控器进行控制。为了方便用手机对该机器人进行控制，需去掉其原配的电路板进行改造。

2. 5V稳压模块

由于电池输出的电压为9V，不符合Arduino Mini板等模块的电压需要，所以用到5V稳压模块。稳压模块的作用是将输入的电压稳定在5V左右以满足各模块的供电需要。这个稳压模块需要自行焊接，也可购买成品模块如图17.2-2。

图17.2-2　L7805稳压模块

若读者的动手能力较强，可自行焊接一个稳压模块。焊接模块需用到一个L7805三端稳压芯片，两个电容和两个接线端子，电路如图17.2-3所示。这个模块的输入电压为8—15V，输入输出压差为2V，峰值电流为1.5A，足以满足需要。

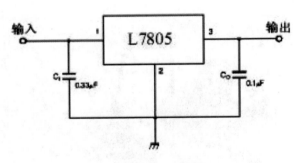

图17.2-3　5V稳压电路图

17.3　组装说明

电路的组装接线总表如图17.3-1所示。

表17.3-1　接线总表

序号	模块引脚名称	Arduino Mini	用于编程和驱动模块
1	蓝牙模块（TX）	RX	接收字符
2	蓝牙模块（RX）	TX	发送字符
3	舵机控制端口	D10	舵机驱动口
4	L9110S 1-IB	D2	左电机控制口
5	L9110S 1-IA	D3	左电机控制口
6	L9110S 2-IB	D4	右电机控制口
7	L9110S 2-IA	D5	右电机控制口

将蓝牙模块与Arduino的RX、TX、VCC、GND分别连好（蓝牙模块的TX引脚接Arduino板的RX引脚，牙模块的RX引脚接Arduino板的TX引脚），具体如图17.3-1所示。

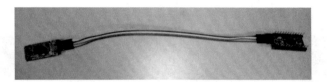

图17.3-1　蓝牙与Arduino连接

再将L9110S电机驱动模块与Arduino连接（AI1接数字口2、IB1接数字口3、AI2接数字口4、IB2接数字口5），再将机器人上电机的四条杜邦线接上模块的蓝色接线端子，具体如图17.3-2所示。

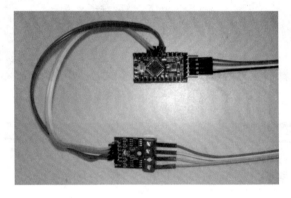

图17.3-2　L9110S电机驱动模块与Arduino连接

给L9110S电机驱动模块和Arduino Mini板接上5V电源，模块的输入端接上机器人上的蓝色电池，输出端分别接上L9110S电机驱动模块和Arduino Mini板，具体如图17.3-3所示。

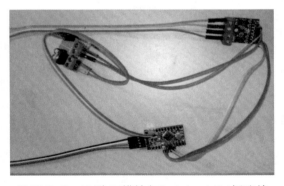

图17.3-3　5V稳压模块与Arduino Mini板连接

将各模块正确连接，具体如图17.3-4所示。

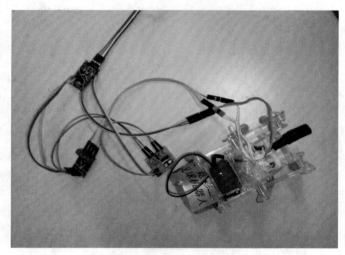

图17.3-4　总连接图

17.4 实例代码

1．Arduino代码

首先程序定义了Arduino Mini板上的4个控制端，in1和in2为一组控制左脚的电机，in3和in4为一组控制右脚的电机，控制机器人右转、左转、停止、前进、后退方法可参考第16章。

设置Arduino Mini板的比特率为9600bps，并将舵机的初始角度设置为120度后（读者可以根据机器人实际的安装角度设计初始的角度，初始角度应该让球铲保持水平状态），该程序将根据蓝牙模块收到的信息来控制机器人完成相应的动作。

```
#include<Servo.h>
Servo myservo1;
char getstr; //存储从蓝牙接收的数据
int in1=2;
int in2=3;
int in3=4;
```

```
int in4=5;
//上面定义了板上的4个控制端，12一组，34一组
void _mRight（int pin1,int pin2,int pin3,int pin4）//机器人右转函数
{
  digitalWrite（pin1,LOW）;
  digitalWrite（pin2,HIGH）;
  digitalWrite（pin3,HIGH）;
  digitalWrite（pin4,LOW）;
}
void _mLeft（int pin1,int pin2,int pin3,int pin4）//机器人左转函数
{
  digitalWrite（pin1,HIGH）;
  digitalWrite（pin2,LOW）;
  digitalWrite（pin3,LOW）;
  digitalWrite（pin4,HIGH）;
}
void _mStop（int pin1,int pin2,int pin3,int pin4）//机器人停止函数
{
  digitalWrite（pin1,LOW）;
  digitalWrite（pin2,LOW）;
  digitalWrite（pin3,LOW）;
  digitalWrite（pin4,LOW）;
}
void _mFaward（int pin1,int pin2,int pin3,int pin4）//机器人前进函数
{
  digitalWrite（pin1,HIGH）;
  digitalWrite（pin2,LOW）;
  digitalWrite（pin3,HIGH）;
  digitalWrite（pin4,LOW）;
```

```
}
void _mBackward（int pin1,int pin2,int pin3,int pin4）//机器人后退函数
{
  digitalWrite（pin1,LOW）;
  digitalWrite（pin2,HIGH）;
  digitalWrite（pin3,LOW）;
  digitalWrite（pin4,HIGH）;
}
void setup（）
{
  myservo1.attach（10）;
  SerAIl.begin（9600）;//设置波特率为9600
  myservo1.write（120）;//初始化舵机为120度
  pinMode（in1,OUTPUT）;
  pinMode（in2,OUTPUT）;
  pinMode（in3,OUTPUT）;
  pinMode（in4,OUTPUT）;
  //下面程序开始时让控制端都为高电平，电机保持不动。
  digitalWrite（in1,LOW）;
  digitalWrite（in2,LOW）;
  digitalWrite（in3,LOW）;
  digitalWrite（in4,LOW）;
}
void loop（）
{
getstr=SerAIl.read（）;//将接收到的数据赋给getstr
  if（getstr=='1'）//接收到1，机器人前进
  {
    SerAIl.println（"go forward!"）;
```

```
   _mStop（in1,in2,in3,in4）;
   _mFaward（in1,in2,in3,in4）;
   }
 else if（getstr=='3'）//接收到3，机器人后退
{
   SerAIl.println（"go back!"）;
   _mStop（in1,in2,in3,in4）;
   _mBackward（in1,in2,in3,in4）;
   }
 else if（getstr=='4'）//接收到4，机器人左转
{
   SerAIl.println（"go left!"）;
   _mStop（in1,in2,in3,in4）;
   _mLeft（in1,in2,in3,in4）;
 }
 else if（getstr=='5'）//接收到5，机器人右转
{
   SerAIl.println（"go right!"）;
   _mStop（in1,in2,in3,in4）;
   _mRight（in1,in2,in3,in4）;
 }
 else if（getstr=='2'）//接收到2，机器人停止
{
   SerAIl.println（"Stop!"）;
   _mStop（in1,in2,in3,in4）;
 }
  else if（getstr=='6'）//接收到6，舵机抬起，默认到180度，读者可以根据
需要进行调整
  {
```

```
        myservo1.write（180）;
    }
    else if（getstr=='7'）//接收到7，舵机降至水平，默认为120度，读者可根
据需要进行调整
    {
        myservo1.write（120）;
    }
    }
```

2. App Inventor逻辑板块设计

要使用蓝牙控制竞彩足球机器人首先需要将手机和蓝牙模块连接起来。通过蓝牙客户端显示搜索到的蓝牙，并配对成功后，获得一个无线的串口。可以通过它向手机发送一些数据，也可以从手机上接收控制信息。

本程序可使用手机上的按键控制竞彩足球机器人。通过按下相应的按键让手机向蓝牙串口发送特定的数字到Arduino Mini板，经过Arduino板上的程序进行识别，就可以控制足球机器人实现前进、拐弯或者铲起小球等动作。

初始化全局变量，设置屏幕显示信息，打开应用显示"欢迎使用本软件！"。

图17.4-1　初始化逻辑板块

设置蓝牙信息，配置蓝牙，包括连接的"地址及名称"。

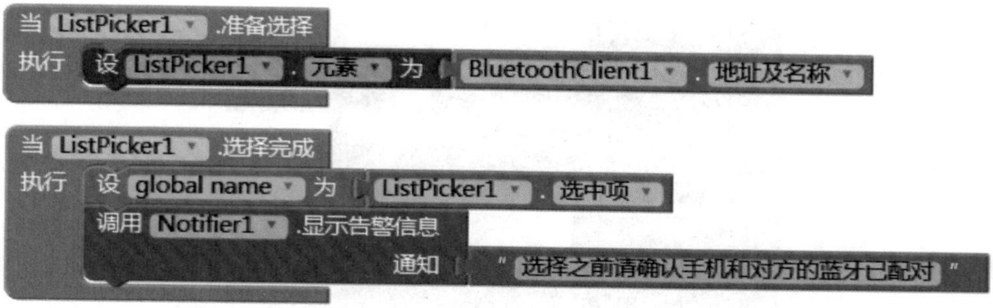

图17.4-2　配置蓝牙逻辑板块

　　获取蓝牙连接状态，并在手机屏幕显示蓝牙状态。点击设备列表显示已配对的蓝牙设备，选中后在点击"连接"即可连接，成功连接显示"OK"。

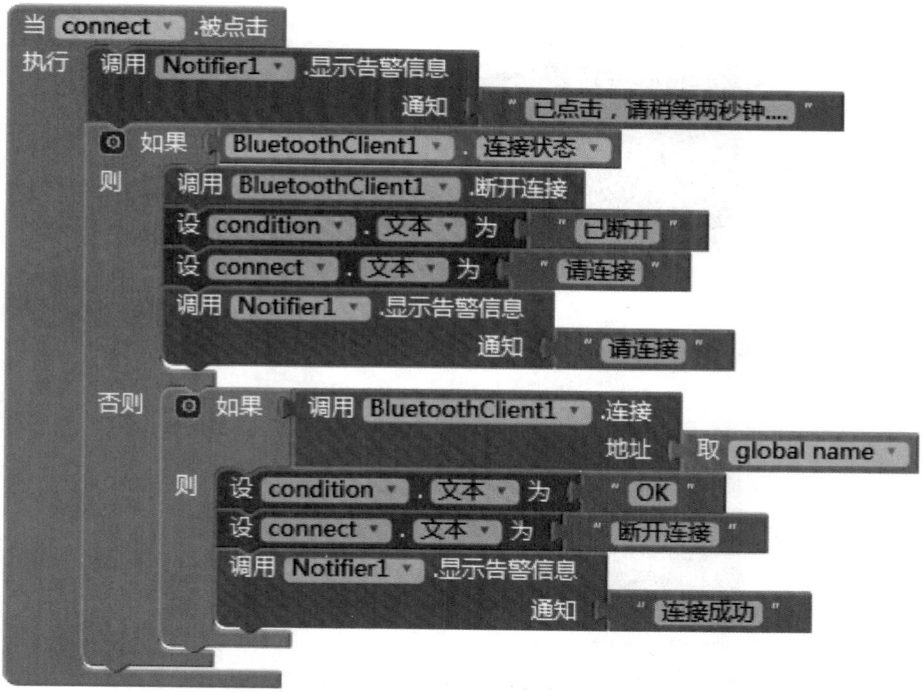

图17.4-3　蓝牙连接状态设置逻辑板块

　　当点击"up"按钮手机发送单字节数字为1，机器人前进；点击"stop"按钮手机发送单字节数字为2，机器人停止。

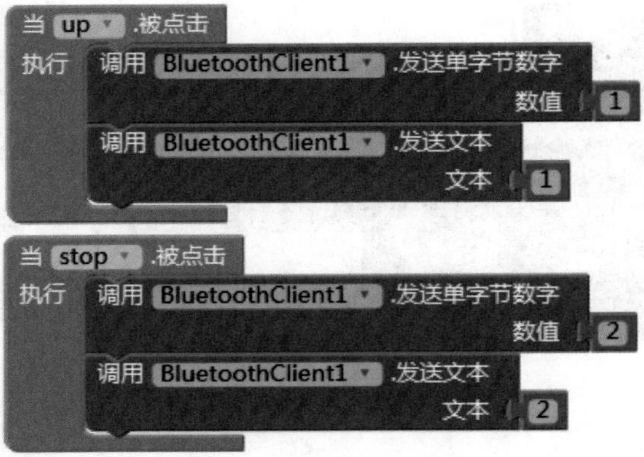

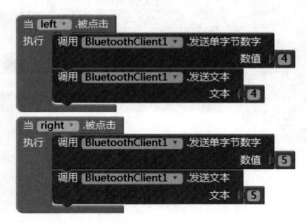

图17.4-4 机器人前进和停止设置逻辑板块

当点击"back"按钮手机发送单字节数字为3，机器人后退。

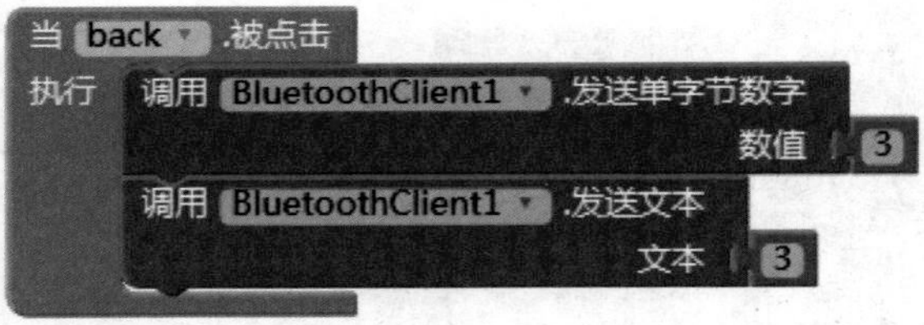

图17.4-5 机器人后退设置逻辑板块

当点击"left"按钮手机发送单字节数字为4，机器人左转；点击"right"按钮手机发送单字节数字为5，机器人右转。

图17.4-6 机器人左转和右转设置逻辑板块

当点击"Button4"按钮手机发送单字节数字为6，舵机转动带动球铲抬起；点击"Button3"按钮手机发送单字节数字为7，舵机反向转动带动球铲降下。

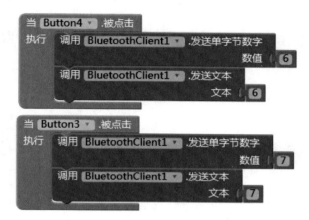

图17.4-7　舵机升降设置逻辑板块

生成App的手机显示界面，如图17.4-8所示。

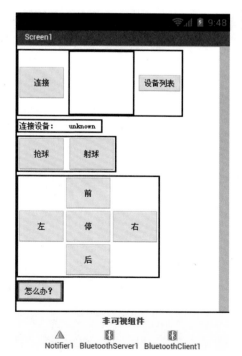

图17.4-8　App手机显示界面

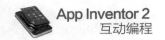

App Inventor 2
互动编程

本章增加了舵机的设置和控制，通过本章的学习，读者进一步加强了AI2逻辑思维的设置，以及Arduino的应用。在完成组装以及程序录入后，要进行调试，每个机械零件可能由于安装角度不同，或存在有误差，因此舵机的初始角度和抬起角度可能需要进行调整。读者可以尝试改变舵机的数值进行角度微调，从而解决问题。

第18章
超声波避险小车

本章我们将要制作一个使用手机遥控的超声波测距小车，小车上搭载有两个减速电机，它和我们用过的直流电机的操作方法是一样的，通过蓝牙串口可以实现手机App对小车的控制。测距功能主要由一块超声波测距模块完成。它可以发射超声波测定小车前方到障碍物的距离，再通过蓝牙发送回使用者的手机上并显示出来。我们可以使用这个小车远距离完成测量的任务。

18.1 物料清单

超声波避险小车的物料清单如表18.1-1所示。

表18.1-1　物料清单

物料	数目
Arduino UNO板	1
Arduino UNO扩展板	1
HC-05蓝牙模块	1
减速电机	2
万向轮	1
轮子	2
固定螺丝	若干

续上表

物料	数目
有机玻璃板车体	1
L9110S电机驱动模块	1
超声波模块	1
3.2V磷酸铁锂电池	2
5V稳压模块	1
9克舵机	1
船型开关	1
杜邦线	若干

18.2 模块介绍

蓝牙模块、L9110S电机驱动请参考第16章介绍，5V稳压模块请参考第17章介绍。

1. Arduino UNO板

Arduino UNO（R3版本）采用的微处理器是ATmega328。该版本包括14个数字输入输出IO，6个模拟输入IO，16MHz的晶体，USB接口，电源接口，烧录头，复位按钮等，如图18-1.2所示。Arduino UNO使用USB口直接供电，可以给Arduino UNO提供5V的电压。Arduino UNO板上已经有转串口电路，可以直接使用USB接口来下载程序。本章使用一块Arduino UNO板作为主控板。

图18.2-1　Arduino UNO板实物图

2. Arduino扩展板

Arduino扩展板可以直接插在Arduino底板上，对Arduino进行扩展。Arduino扩展板有很多种类型，主要是把Arduino板上留有SPI、I2C、蓝牙、模拟传感器接口、数字传感器接口、6路PWM接口等引出，并配上电源（VCC）和地引脚（GND）， 3个引脚为一组，组成标准3Pin线的连接接口，适合连接传感器和舵机，可以方便插拔。如图18.2-2都是一些常见的扩展板。

图18.2-2　Arduino扩展板

除了上述扩展板，还有一些特殊扩展板，如增加了Wi-Fi等功能的扩展板（图18.2-3）和带面包板的扩展板，读者可以根据需要选用合适的扩展板。

图18.2-3　带Wi-Fi扩展板　　　　　图18.2-4　带面包板扩展板

3. 超声波模块

超声波测距模块SRF-05可提供2~450cm的非接触式距离感测功能，测距精度可高达3mm；模块包括超声波接收器、发射器与控制电路，如图18.2-5所示。

基本工作原理：采用IO口TRIG触发测距，给至少10μs的高电平信号；模块自动发送8个40khz的方波，自动检测是否有信号返回；有信号返回，通过IO口ECHO输出一个高电平，高电平持续的时间就是超声波从发射到返回的时间。

图18.2-5　超声波模块

4. 9克舵机

机器人的前部配有一个超声波传感器，本章使用一个9克舵机带动它实现180度的转动，使超声波传感器可以测量周围的距离。如图18.2-6所示。9克舵机是舵机中比较小的一种，适合用于扭力较小空间要求较严格的地方。它的工作电压为4.8V~6V，堵转扭矩为1.2~1.4千克/厘米，满足机器人超声波传感器转动的需求。

接线方式：

红线-VCC正极；

棕线-GND负极；

橙线-信号线，连接Arduino UNO板的IO口，用于控制转动角度。

图18.2-6 9克舵机

18.3 电路组装

电路的接线总表如表18.3-1所示。

表18.3-1 接线总表

序号	模块引脚名称	Arduino引脚	说明
1	L9110S 1-IB	D5	电机控制端
2	L9110S 1-IA	D6	电机控制端
3	L9110S 2-IB	D11	电机控制端
4	L9110S 2-IA	D12	电机控制端
5	9克舵机信号线	D2	控制舵机
6	蓝牙模块TXD	D0（RX）	蓝牙的接收端
7	蓝牙模块RXD	D1（TX）	蓝牙的发送端
8	超声波模块Trig	D8	提供触发电平
9	超声波模块Echo	D9	接收返回信号

将蓝牙模块与Arduino扩展板的蓝牙接口分别接上（蓝牙模块的TX引脚接扩展板的RX引脚，牙模块的RX引脚接扩展板的TX引脚），具体如图18.3-1所示。

图18.3-1　蓝牙与Arduino扩展板的连接

　　将L9110S电机驱动模块与Arduino连接（AI1接D5、IB1接D6、AI2接D11、IB2接D12），具体如图18.3-2所示。

图18.3-2　L9110S电机驱动模块与Arduino扩展板的连接

　　将超声波模块连接到Arduino扩展板上（Trig引脚接D8口，Echo引脚接D9口），具体如图18.3-3所示。

图18.3-3　超声波模块与Arduino扩展板的连接

将9克舵机连接到Arduino扩展板上（舵机信号引脚接D2口），具体如图18.3-4所示。

图18.3-4　舵机与Arduino扩展板的连接

将减速电机和轮子安装在车体上，具体如图18.3-5所示。

图18.3-5　减速电机和轮子的安装

将电池和开关连接5V稳压模块，总组装图如图18.3-6所示。

（a）　　　　　　　　　　（b）

图18.3-6　总组装图

18.4 实例代码

1. Arduino代码

首先对控制超声波模块、舵机、电机的IO口进行初始化。然后程序使用读取蓝牙串口函数不断重复查询串口，检测是否有数据传入，若接收到数据使用switch语句检测接收到的数值，通过检测到不同的数值就可以执行不同的控制电机或舵机的函数。在每次查询串口后，程序通过向超声波模块发送脉冲得以接收到模块返回的距离数值，处理后通过串口发送到手机上。

```
#include<Servo.h>//舵机头文件
#define uchar unsigned char
#define uint unsigned int
#define duoji_PIN 2//控制舵机引脚D2
#define motor1_PIN1 5//控制左减速电机A1引脚D5
#define motor1_PIN2 6//控制左减速电机B1引脚D6
#define motor2_PIN1 11//控制右减速电机A2引脚D11
#define motor2_PIN2 12//控制右减速电机B2引脚D12
Servo myservo1;
uchar data=0;//存储从上位机接收到的字节
```

```
uchar data1=0;////存储从上位机接收到的字节
char angle=90;//舵机角度初始化为90度
const int TrigPin = 8;//控制超声波模块的TrigPin引脚D8
const int EchoPin = 9;//控制超声波模块的EchoPin引脚D9
float distance;//定义距离为浮点型变量void setup（）
{
  SerAIl.begin（9600）;//波特率为9600
  Ultrasonic_init（）;//超声波模块初始化函数
  Duoji_init（）;//舵机初始化函数
  Motor_init（）;//电机初始化函数
}void loop（）
{
  data=Bluetooth_read（）;//读取接收到的数据
  switch（data）
  {
    case '6': Duoji_left（）;//舵机左转
    break;
    case '7': Duoji_right（）;//舵机右转
    break;
  }
  if（data==0）
  {
    data=data1;
  }
  switch（data）
  {
    case '2': Motor_stop（）;//小车停止
    break;
    case '1': Motor_go（）;//小车前进
```

```
        break;
        case '3': Motor_back（ ）;//小车后退
        break;
        case '4': Motor_left（ ）;//小车左转
        break;
        case '5': Motor_right（ ）;//小车右转
        break;
        default: Motor_stop（ ）;
        break;
    }
    Ultrasonic_Measure（ ）;//通过超声波模块测量距离
    Bluetooth_wirte（ ）;//向上位机发送测量的结果
    data1=data;
}
char Bluetooth_read（ ）//读取蓝牙数据函数
{
    uchar a;
    while（SerAIl.available（ ））
    {
        a=（uchar）SerAIl.read（ ）;
        delay（2）;
        return（a）;
    }
}void Bluetooth_wirte（ ）//通过蓝牙发送数据函数
{
    SerAIl.print（distance）;
    delay（100）;
}void Duoji_init（ ）  //舵机初始化函数
{
```

```
    myservo1.attach（duoji_PIN）;
    myservo1.write（90）;
    delay（50）;
}void Duoji_left（）//舵机左转函数
{
  angle=angle+5;//每次左转5度
  if（angle==180）
  {
      angle=180;
  }
  myservo1.write（angle）;
  delay（50）;
}void Duoji_right（）//舵机右转函数
{
  angle=angle−5;//每次右转5度
  if（angle==0）
  {
      angle=0;
  }
  myservo1.write（angle）;
  delay（50）;
} void Motor_init（）//电机初始化函数
{
  pinMode（motor1_PIN1,OUTPUT）;
  pinMode（motor1_PIN2,OUTPUT）;
  pinMode（motor2_PIN1,OUTPUT）;
  pinMode（motor2_PIN2,OUTPUT）;

  digitalWrite（motor1_PIN1,LOW）;
```

```
  digitalWrite（motor1_PIN2,LOW）;
  digitalWrite（motor2_PIN1,LOW）;
  digitalWrite（motor2_PIN2,LOW）;
}void Motor_go（）//小车前进函数
{
  analogWrite（motor1_PIN1,200）;
  analogWrite（motor1_PIN2,0）;
  analogWrite（motor2_PIN1,200）;
  analogWrite（motor2_PIN2,0）;
  delay（100）;
}void Motor_back（）//小车后退函数
{
  analogWrite（motor1_PIN1,0）;
  analogWrite（motor1_PIN2,200）;
  analogWrite（motor2_PIN1,0）;
  analogWrite（motor2_PIN2,200）;
}
void Motor_left（）//小车左转函数
{
  analogWrite（motor1_PIN1,200）;
  analogWrite（motor1_PIN2,0）;
  analogWrite（motor2_PIN1,0）;
  analogWrite（motor2_PIN2,200）;
}void Motor_right（）//小车右转函数
{
  analogWrite（motor1_PIN1,0）;
  analogWrite（motor1_PIN2,200）;
  analogWrite（motor2_PIN1,200）;
  analogWrite（motor2_PIN2,0）;
```

```
}void Motor_stop（ ）//小车停止函数
{
 analogWrite（motor1_PIN1,0）;
 analogWrite（motor1_PIN2,0）;
 analogWrite（motor2_PIN1,0）;
 analogWrite（motor2_PIN2,0）;
}void Ultrasonic_init（ ）//超声波初始化函数
{
 pinMode（TrigPin, OUTPUT）;
 pinMode（EchoPin, INPUT）;
}void Ultrasonic_Measure（ ）//测量距离函数
{
    digitalWrite（TrigPin, LOW）;
    delayMicroseconds（2）;
    digitalWrite（TrigPin, HIGH）;
    delayMicroseconds（10）;//发送10ms高电平
    digitalWrite（TrigPin, LOW）;
    distance = pulseIn（EchoPin, HIGH） / 58.00; // 检测脉冲宽度，计算
出距离
    delay（100）;
    }
```

2. App Inventor逻辑板块设计

要使用蓝牙控制超声波避险小车首先需要将手机和蓝牙模块连接起来。通过蓝牙客户端显示搜索到的蓝牙，并将蓝牙模块与手机配对，可以获得一个无线的串口。手机通过蓝牙模块可以向小车发送控制信息，也可以从小车接收超声波数据。

通过按下手机相应的按键，向蓝牙串口发送特定的数字到Arduino UNO板，经过Arduino UNO中程序的识别处理就可以做出如超声波旋转某个角度、

前进、拐弯等动作。

小车上的程序会定时开启超声波模块测出小车前方的距离，通过蓝牙透传功能将测出的数值发回手机上并显示出来。

初始化全局变量，设置屏幕显示信息，打开应用显示"欢迎使用本软件！"。

图18.4-1　初始化面板

设置蓝牙信息，配置蓝牙，包括连接的"地址及名称"。

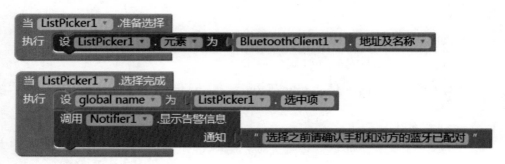

图18.4-2　设置蓝牙

获取蓝牙连接状态，并在手机屏幕显示蓝牙状态。点击设备列表显示已配对的蓝牙设备，选中后再点击连接即可连接，成功连接显示"OK"。

当点击"up"按钮手机发送单字节数字为1，小车前进；点击"stop"按钮手机发送单字节数字为2，小车停止；点击"back"按钮手机发送单字节数字为3，小车后退。

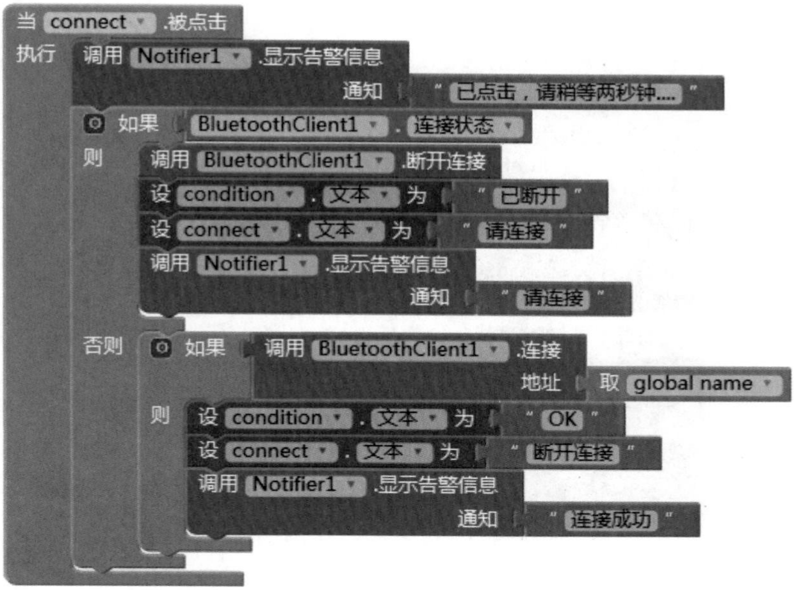

图18.4-3　获取蓝牙连接状态

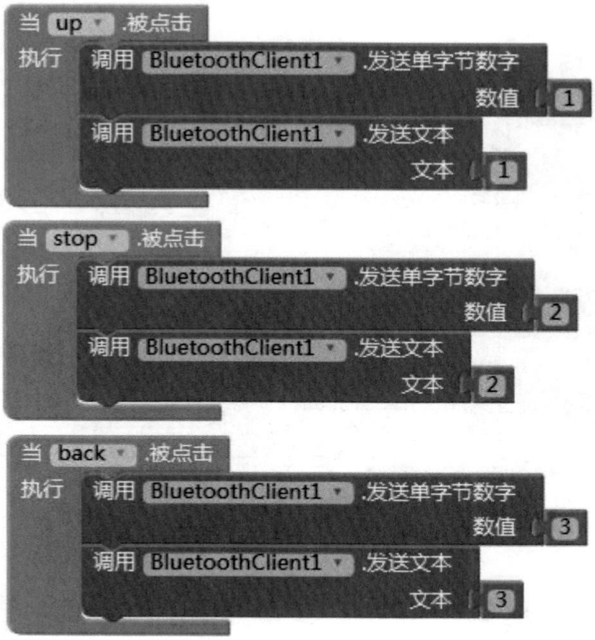

图18.4-4　按键控制前进、后退、停止

当点击"left"按钮手机发送单字节数字为4，小车左转；点击"right"按钮手机发送单字节数字为5，小车右转。

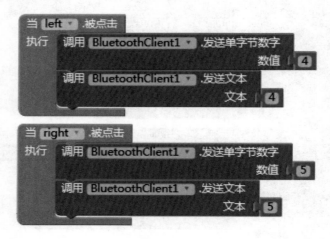

图18.4-5　按键控制左转、右转

当点击"按钮1"按钮手机发送单字节数字为6，舵机左转；点击"按钮2"按钮手机发送单字节数字为7，舵机右转。

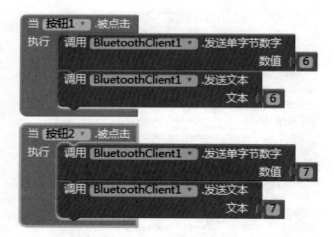

图18.4-6　按键控制舵机

接收Arduino发送回手机的信息，即超声波模块测出的距离并显示在手机屏幕上。

图18.4-7　接收距离数值

生成App的手机显示界面，如图18.4-8所示。

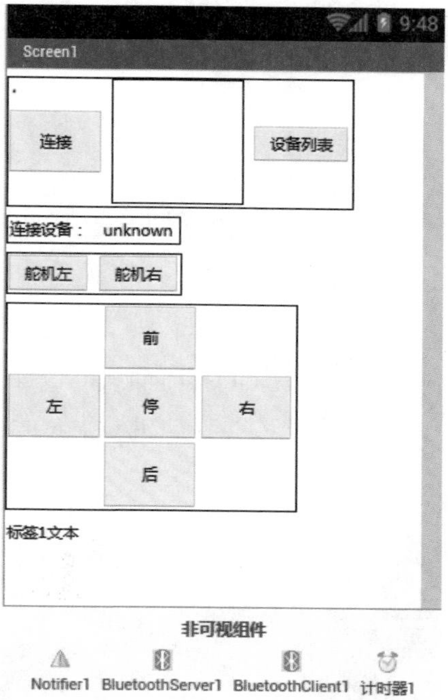

图18.4-8　App手机显示界面

第19章
手机控制的机械手

本章介绍一种使用手机遥控的机械手的方法。如图19-1所示，目前市面上有很多机械手套件是模仿工业机械手设计，采用舵机作为关节电机，支持Arduino控制。

本章使用的机械手的骨架是使用3D打印而成的，如图19-2所示。如果没有3D打印的条件的读者，可以在网上购买其他机械手套件进行组装。

图19-1　机械手套件

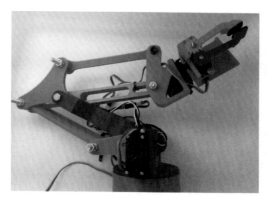

图19-2 3D打印的机械手

19.1 物料清单

表19.1-1 物料清单

物料	数目
Arduino UNO板	1
Arduino UNO扩展板	1
HC-05蓝牙模块	1
MG995舵机	6
5V稳压模块	2
机械手	1
3.2V电池	2
船型开关	1

19.2 模块介绍

本章所用到的Arduino UNO板、Arduino UNO扩展板、HC-05蓝牙模块、5V稳压模块请参考前面的章节。

1. MG995舵机

MG995是一种在常用的低成本大扭力舵机，如图19.2-1所示。采用MG995舵机，可以满足微型机械手的使用要求。

电机参数:

· 空心杯电机;

· 金属齿轮结构;

· 双滚珠轴承;

· 连接线长度30cm;

技术参数:

· 尺寸：40mm×20mm×36.5mm　重量：62g

· 技术参数：无负载速度0.17秒/60度（4.8V）0.13秒/60度（6V）　扭

矩：13KG/M

· 使用温度：−30℃~60℃

· 死区设定：4μs

· 工作电压：3~7.2V

接线方式：（如图19.2−2所示）

· 红线 − VCC正极;

· 棕线 − GND负极;

· 橙线 − 信号线，连接Arduino UNO板的IO口。

图19.2−1　MG995舵机

图19.2−2　接线方式

19.3 电路组装

电路的接线总表如表19.3-1所示。

表19.3-1　接线总表

序号	模块引脚名称	Arduino UNO引脚	说明
1	舵机1	D3	控制一号舵机
2	舵机2	D5	控制二号舵机
3	舵机3	D6	控制三号舵机
4	舵机4	D9	控制四号舵机
5	舵机5	D10	控制五号舵机
6	舵机6	D11	控制六号舵机
7	蓝牙模块（TX）	RX	蓝牙的发送端
8	蓝牙模块（RX）	TX	蓝牙的接收端

首先将蓝牙模块与Arduino扩展板的蓝牙接口分别接上（蓝牙模块的TX引脚接扩展板的RX引脚，牙模块的RX引脚接扩展板的TX引脚），具体如图19.3-1所示。

图19.3-1　蓝牙与Arduino扩展板的连接

将机械手上的舵机接到扩展板指定的引脚处，注意信号线的方向。

图19.3-2 蓝牙与Arduino扩展板的连接

19.4 实例代码

1. Arduino代码

首先对控制舵机的IO口进行初始化，再通过读取蓝牙串口函数不断重复查询串口，检测是否有数据传入。若接收到有数据，则使用switch语句分析接收到的舵机控制信息。通过这些信息就可以执行不同的函数控制舵机的转动，从而实现机械手的运动。

```
#include<Servo.h>//舵机头文件#define myservo1_PIN 3
#define myservo2_PIN 5
#define myservo3_PIN 6
#define myservo4_PIN 9
#define myservo5_PIN 10
#define myservo6_PIN 11
//定义各个舵机的引脚
Servo myservo1;
Servo myservo2;
Servo myservo3;
Servo myservo4;
Servo myservo5;
```

```
Servo myservo6;uchar data=0;//储存从蓝牙接收的数据
char angle1=90;
char angle2=90;
char angle3=90;
char angle4=90;
char angle5=90;
char angle6=90;
//定义各个舵机的角度
void setup（）
{
  Duoji_init（）;//舵机初始化
}void loop（）
{
  data=Bluetooth_read（）;//从蓝牙串口接收的数据赋给data
  switch（data）
  {
    case '0': Duoji1_left（）;//舵机1左转
    break;
    case '1': Duoji1_right（）;//舵机1右转
    break;
    case '2': Duoji2_left（）;//舵机2左转
    break;
    case '3': Duoji2_right（）;//舵机2右转
    break;
    case '4': Duoji3_left（）;//舵机3左转
    break;
    case '5': Duoji3_right（）;//舵机3右转
    break;
    case '6': Duoji4_left（）;//舵机4左转
```

```
          break;
     case '7': Duoji4_right（）;//舵机4右转
          break;
     case '8': Duoji5_left（）;//舵机5左转
          break;
     case '9': Duoji5_right（）;//舵机5右转
          break;
     case '10': Duoji6_left（）;//舵机6左转
          break;
     case '11': Duoji6_right（）;//舵机6右转
          break;
  }
}
char Bluetooth_read（）//读取蓝牙串口函数
{
  uchar a;
  while（SerAIl.available（））
  {
     a=（uchar）SerAIl.read（）;
     delay（2）;
     return（a）;
  }
}
void Duoji_init（）  //舵机初始化函数
{
     myservo1.attach（myservo1_PIN）;
     myservo2.attach（myservo2_PIN）;
     myservo3.attach（myservo3_PIN）;
     myservo4.attach（myservo4_PIN）;
```

```
    myservo5.attach（myservo5_PIN）;
    myservo6.attach（myservo6_PIN）;
    //声明舵机引脚
    myservo1.write（90）;
    delay（1000）;
    myservo2.write（90）;
    delay（1000）;
    myservo3.write（90）;
    delay（1000）;
    myservo4.write（90）;
    delay（1000）;
    myservo5.write（90）;
    delay（1000）;
    myservo6.write（90）;
delay（1000）;
//初始化各个舵机为90度
}void Duoji1_left（）//舵机1左转函数
{
  angle1=angle1+5;
  if（angle1>=180）
  {
     angle1=180;
  }
  myservo1.write（angle1）;
  delay（50）;
}
void Duoji1_right（）//舵机1右转函数
{
  angle1=angle1-5;
```

```
    if（angle1<=0）
    {
        angle1=0;
    }
    myservo1.write（angle1）;
    delay（50）;
}
/*********************舵机2左转函数********************/
void Duoji2_left（）//舵机2左转函数
{
    angle2=angle2+5;
    if（angle2>=180）
    {
        angle2=180;
    }
    myservo2.write（angle2）;
    delay（50）;
}
void Duoji2_right（）//舵机2右转函数
{
    angle2=angle2-5;
    if（angle2<=0）
    {
        angle2=0;
    }
    myservo2.write（angle2）;
    delay（50）;
}
/*********************舵机3左转函数********************/
```

```
void Duoji3_left（）//舵机3左转函数
{
  angle3=angle3+5;
  if（angle3>=180）
  {
      angle3=180;
  }
  myservo3.write（angle3）;
  delay（50）;
}
void Duoji3_right（）//舵机3右转函数
{
  angle3=angle3-5;
  if（angle3<=0）
  {
      angle3=0;
  }
  myservo3.write（angle3）;
  delay（50）;
}
/*****************舵机4左转函数*******************/
void Duoji4_left（）//舵机4左转函数
{
  angle4=angle4+5;
  if（angle4>=180）
  {
      angle4=180;
  }
  myservo4.write（angle4）;
```

```
  delay（50）;
}
void Duoji4_right（）//舵机4右转函数
{
  angle4=angle4-5;
  if（angle4<=0）
  {
    angle4=0;
  }
  myservo4.write（angle4）;
  delay（50）;
}
/********************舵机5左转函数********************/
void Duoji5_left（）//舵机5左转函数
{
  angle5=angle5+5;
  if（angle5>=180）
  {
    angle5=180;
  }
  myservo5.write（angle5）;
  delay（50）;
}
void Duoji5_right（）//舵机5右转函数
{
  angle5=angle5-5;
  if（angle5<=0）
  {
    angle5=0;
```

```
    }
    myservo5.write（angle5）;
    delay（50）;
}
/*********************舵机6左转函数********************/
void Duoji6_left（ ）//舵机6左转函数
{
    angle6=angle6+5;
    if（angle6>=180）
    {
        angle6=180;
    }
    myservo6.write（angle6）;
    delay（50）;
}
void Duoji6_right（ ）//舵机1右转函数
{
    angle6=angle6-5;
    if（angle6<=0）
    {
        angle6=0;
    }
    myservo6.write（angle6）;
    delay（50）;
}
```

2. App Inventor逻辑板块设计

首先需要将手机和蓝牙模块配对，获得一个无线的串口。通过这个接口可以将控制指令发送到机械手的Arduino控制板上。

　　设计一个手机的界面,设置相应的控制按键,通过按下按键即可让手机向蓝牙串口发送特定的数字到Arduino UNO板。经过Arduino UNO中的程序进行分析处理后,就可以让机械手对应关节的舵机做出相应的动作。

　　初始化全局变量,设置屏幕显示信息,打开应用显示"欢迎使用本软件!"。

图19.4-1　初始化面板

　　设置蓝牙信息,配置蓝牙,包括连接的"地址及名称"。

图19.4-2　设置蓝牙信息

　　获取蓝牙连接状态,并在手机屏幕显示蓝牙状态。点击设备列表显示已配对的蓝牙设备,选中后再点击连接即可连接,成功连接显示"OK"。

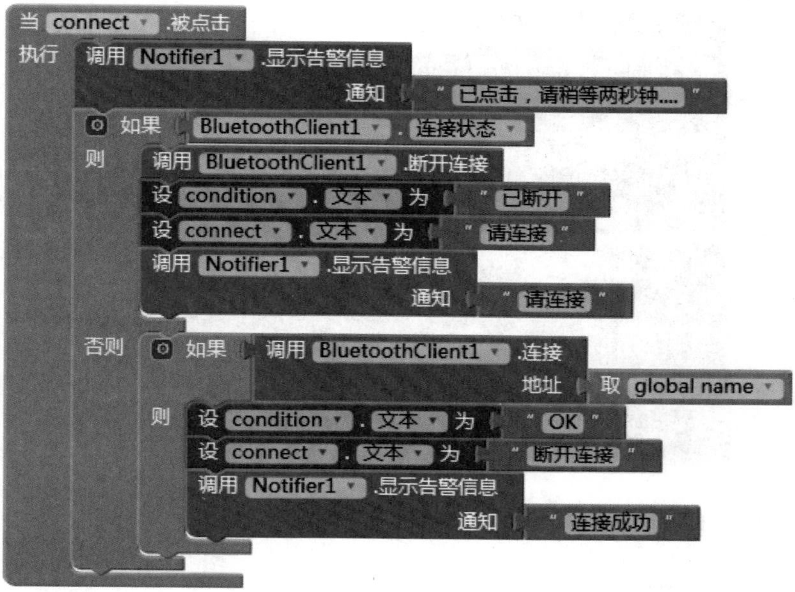

图19.4-3　获取蓝牙状态

当点击"按钮1"手机发送单字节数字为0，一号舵机左转；点击"按钮2"手机发送单字节数字为1，一号舵机右转。

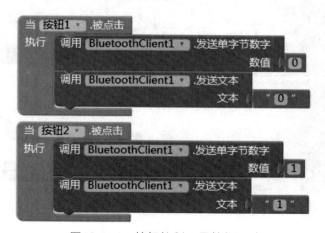

图19.4-4　按钮控制一号舵机运动

当点击"按钮3"手机发送单字节数字为2，二号舵机左转；点击"按钮4"手机发送单字节数字为3，二号舵机右转。

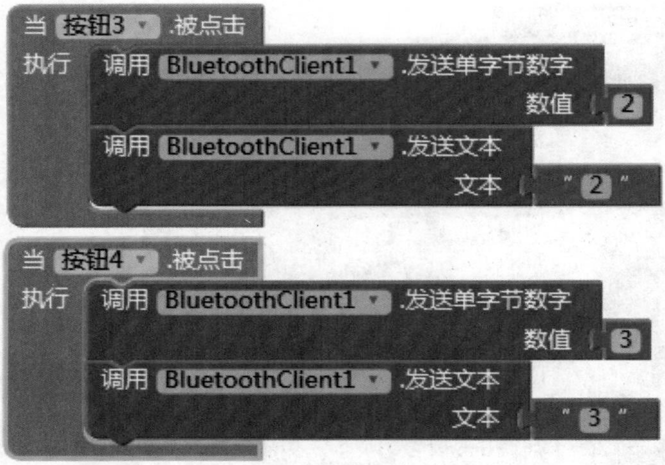

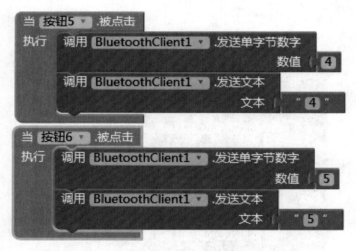

图19.4-5　按钮控制二号舵机运动

当点击"按钮5"手机发送单字节数字为4，三号舵机左转；点击"按钮6"手机发送单字节数字为5，三号舵机右转。

图19.4-6　按钮控制三号舵机运动

当点击"按钮7"手机发送单字节数字为6，四号舵机左转；点击"按钮8"手机发送单字节数字为7，四号舵机右转。

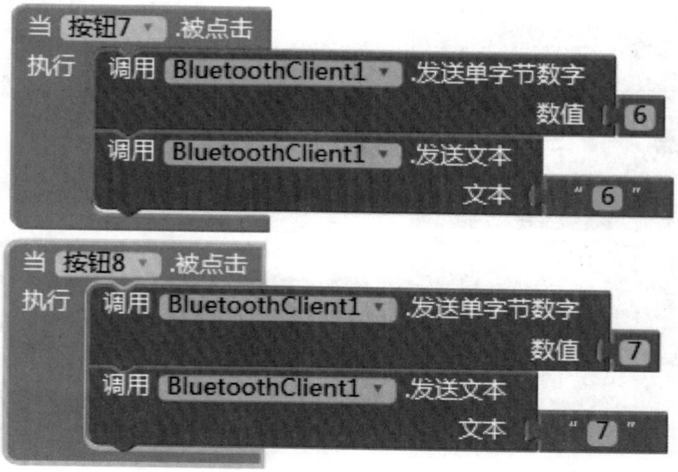

图19.4-7　按钮控制四号舵机运动

当点击"按钮9"手机发送单字节数字为8，五号舵机左转；点击"按钮10"手机发送单字节数字为9，五号舵机右转。

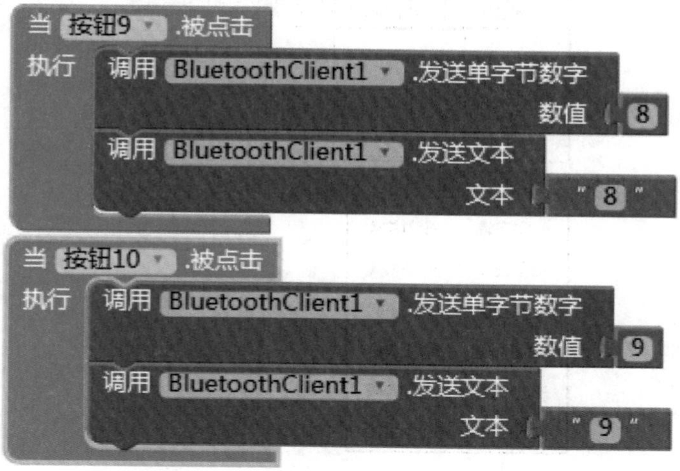

图19.4-8　按钮控制五号舵机运动

当点击"按钮11"手机发送单字节数字为10，六号舵机左转；点击"按钮12"手机发送单字节数字为11，六号舵机右转。

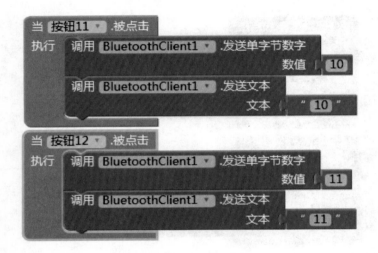

图19.4-9　按钮控制六号舵机运动

生成App的手机显示界面，如图19.4-10所示。

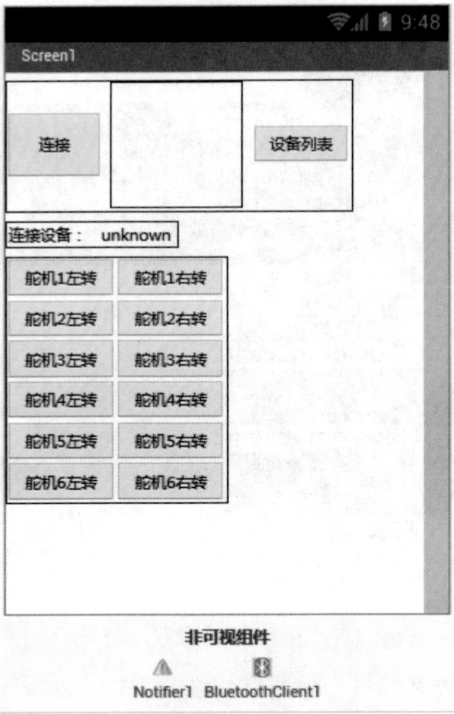

图19.4-10　App手机显示界面

在学习完AI2与Arduino设备的交互设计后，相信读者有了更深入的了解。AI2拥有各种常用的控件以及设计简单的操作界面，可以很轻松地用于各种各样的作品设计中。相信读者们通过本书的学习，可以熟练使用AI2这一简单易用的开发工具，制作出更多有趣、有创意的作品。